KB017420

0~24개월

잘 자는 아이의 비결

행복한 육아를 위한 수면 습관 만들기

0~24개월 잘 자는 아이의 비결

초판 1쇄 인쇄 2023년 9월 22일
초판 1쇄 발행 2023년 9월 27일

지은이 김지현, 김민정

대표 장선희 **총괄** 이영철
기획편집 현미나, 한이슬, 정시아
디자인 김효숙, 최아영 **외주디자인** 이창욱
마케팅 최의범, 임지윤, 김현진, 이동희
경영관리 전선애

펴낸곳 서사원 **출판등록** 제2023-000199호
주소 서울시 마포구 성암로330 DMC첨단산업센터 713호
전화 02-898-8778 **팩스** 02-6008-1673
이메일 cr@seosawon.com
블로그 blog.naver.com/seosawon
페이스북 www.facebook.com/seosawon
인스타그램 www.instagram.com/seosawon

ISBN 979-11-6822-220-5 13590

0~24개월

잘 자는 아이의 비결

김지현, 김민정 지음

서사원

프롤로그

행복하고 기쁜 임신, 글을 읽는 당신은 아마도 소중한 아이를 품고 계시거나 아이와의 첫 만남을 하셨을 거라 생각합니다. 무엇과도 바꿀 수 없는 값지고 가치 있는 어머니라는 이름, 마음을 다해 응원하고 축하드립니다.

이 책은 수면 교육에 대한 기본과 개념, 출산 전부터 육아하는 부모님들의 힘든 시간을 함께 해드리고 싶은 마음으로 쓰게 되었습니다. 지금 아이를 품고 계신 상황이라면, '우리 아이가 잘 자고 잘 먹는 아이였음 좋겠다'는 마음으로 읽으실 거라 생각합니다. 저희 역시도 그런 길을 지나왔던, 선배 엄마로서 "조금 더 알고 육아에 임했다면 이렇게 힘들진 않았을텐데"라는 마음으로 쓴 책입니다. 이 책이 모든 독자들에게 아이의 수면과 육아에 대해 이해하기 쉽고, 올바른 개념을 잡을 수 있는 길잡이가 되었으면 좋겠습니다.

저희 역시 아이를 키우는 평범한 엄마입니다. 각자 커리어 우먼으로 사회에서 활동하다가 한 남자와 사랑에 빠져 결혼을 하고, 감사하게도 아이가 찾아왔고, 출산을 겪고, 육아 전투를 치르고 있습니다. 실전 신생아 육아, 참 많이도 헤맸던 기억이 납니다.

회복실에서 만난 모유수유 전문가는 신생아는 한 번에 10~20ml의 양을 먹어야 하며, 많은 양을 먹으면 소아 비만, 당뇨 위험이 증가한다며 경고했습니다. 초보 엄마아빠는 그분의 말 한마디에 잔뜩 긴장해서 꼬박꼬박 20ml씩만 아기에게 수유했습니다. 왜인지 이유는 모르겠지만, 아기는 집에 돌아온 지 이틀 만에 하도 울어서 목이 다 쉬어 버렸습니다.

산후조리사 선생님이 아기를 보시고는 "아이가 너무 적은 양을 먹으니 배가 고파서 밤새 울었네요." 하시면서 젖병 가득 분유를 타서 주니 아기는 한 방울도 남기지 않고 열심히 먹었습니다. 그 모습을 보며 아기에게 미안해서 얼마나 울었는지 모릅니다. 아기를 먹이는 것도 이토록 힘들었는데요. 아이 '잠'은 더더욱 어렵더라고요.

아이를 재우기 위해 두 시간 동안 짐볼을 튕기고, 잠이 들면 침대에 내려놓고, 또 깨서 울고, 이 과정을 한 달 반을 반복했습니다. 손목은 남아나지 않았고, 출산 당시 꼬리뼈가 골절되어 채 회복되지 않은 몸으로 아이를 케어하다보니 점점 지쳐갔습니다. 그치지 않는 울음에 한참을 달래도 보고, 넋 놓고 지켜도 보고, 매일 밤 뭐가 문제일까 생각하며 답답한 시간을 보냈습니다. 그렇게도 기다리던 아이였는데, 매일 밤 부둥켜 안고 울고 있을 줄이야. 내가 그런 엄마가 될 거라고는 생각도 못하고 그저 계획대로 잘 되리라 생각했던 게 부끄러웠습니다.

낮에는 언제 어떻게 낮잠을 재우는지, 아무리 유튜브를 보고 전문 서적을 읽어도 모르겠더라고요. 유튜브에서는 아이를 7~8시에 재우라고 하는데, 저희 아이는 8시부터 수면 준비에 들어가면 밤 10시에나 잠이 들었답니다. 밤 8시가 되면 가슴이 두근두근거리고 전투 태세가 되었죠. 나중에 정확하게 전문적으로 수면에 대해서 공부하고 보니, 1개월 아이는 밤 9~10시에 재우는 것임을 알고, 정말 많이 후회했습니다. 무지한 엄마가 우리 아이에게 맞지 않는 무분별한 정보를 습득해서 아이도, 저도 2시간 동안 매일 고생했다는 사실이 너무 속상했습니다.

출산 전에 열심히 검색하고, 책도 들여다보며 잘 준비했다 생각했는데 '실전 육아는 지식만으로는 부족하구나'라고 깨닫는 계기가 되었습니다. 답을 알려주고 방향을 잡아주면서, 내가 맞다고 이야기해줄 누군가가 간절했습니다.

한국에서 딸 산후조리를 도우러 와주신 엄마는 제가 너무 힘들까봐, 한국으로 돌아가기 전 며칠 동안만이라도 아이를 같은 방에서 재워주겠다고 하셨습니다. 아니, 그렇게 울던 아이가 엎드린 자세에서 토닥이면서 재우니 잘 자는 것이 아니겠어요. 그 순간 몸은 편했지만, 마음은 너무 불편했습니다.

'영아 돌연사 때문에 엎드려 재우면 안 된다고 했는데, 어쩌지?'라는 갈등의 기로에 놓여 있었죠. '당장 너무 힘드니까 저렇게 재우긴 하겠지만, 괜찮겠지?'라는 마음에 압도당한 그 며칠, 친정어머니도 마음이 불편하신지 "괜찮아! 너도 이렇게 잤어" 하시면서도 현실은 새벽에 벌

떡벌떡 일어나서 아기가 숨을 쉬나 확인하셨다고 합니다.

'아이의 안전보다 내가 당장 힘드니, 위험하다고 해도 이렇게라도 재워야지' 하는 마음을 갖게 된 것에서 수면 교육으로 이어졌고, 환자들을 케어하는 산부인과 병동 간호사, 아이들을 가르치던 선생님에서, 나처럼 도움이 필요한 많은 어머님과 아이들을 돕기 위해 아이 수면을 깊이 공부하기 시작했습니다.

공부와 노력의 결실로 미국에서 영유아 전문 수면 교육 자격증을 취득했습니다. 아이를 재우고, 주말에도 밤낮없이 공부했습니다. 공부한 지 수개월이 지나고, 조그맣게 컨설팅 회사를 차려 초보 부모님들을 도와주기 시작했어요. 그렇게 노력한 결과, 대한민국에서 제일 유명한 수면 컨설팅 업체로 자리잡았습니다. 현재 총 13명의 수면 교육 자격증 보유 전문가들이 1년에 약 1,000 가정의 아이 맞춤 수면 교육을 도와드리고 있습니다.

슬립베러베이비의 수면 교육 성공률은 96%이며, 나머지 4%는 개인적인 사정으로 시작하지 못하고 포기한 분들입니다. 수면 교육을 하고 싶지 않거나, 할까 말까 고민하는 분들도 이 책을 읽으면서 공감하고, 위로 받으며, 수면에 대한 정확한 지식을 얻으셨으면 좋겠습니다.

슬립베러베이비 대표

김지현, 김민정

차례

2장 아이가 태어나기 전 알아야 할 수면 교육의 기초

3장 아이가 태어난 후 알아야 할 수면 교육의 기초

4장 아이를 파악하는 실전 수면 교육

5장 개월별 수면 교육 스케줄

6장 수면 교육 Q&A

슬립베러베이비 수면기록표

1장

수면 교육이 필요한 이유

"

수면 교육은 무엇일까요?

"

수면 교육sleep training 문화는 서양에서 시작되었습니다. 의료 시스템 기반이 채 갖춰지지 않았던 1800년대 초반에는 '아이는 졸리면 자는 거야'라는 인식이 강하게 박혀 있던 시대였습니다. 그러다가 많은 전문가들이 잠의 중요성을 깨닫고, 아이가 잠을 많이 자면 생기는 이점을 발견하면서부터 수면 교육 문화가 시작되었습니다.

수면 교육은 혹시 아이를 무시무시하게 울리는 것, 아이 혼자 방에 가둬놓고 재우는 것, 아주 독한 부모만 할 수 있는 것이라고 생각하시나요? 실제로 그런 교육 방법도 있긴 합니다. 아이를 혼자 방에 두고, 아침까지 들어가지 않는 방법도 존재합니다. 그 교육 방법을 '크라이 잇 아웃(Cry it out, CIO기법; 울더라도 개입하지 않고 잠들 때까지 기다리는 방법)'이라고 합니다. Cry it out 방법은 1894년 루터 에밋 홀트Dr. Luther Emmett Holt 박사가 처음 언급했습니다.

우리나라에 수면 교육 문화가 들어온 지는 얼마 되지 않았습니다. 지금 시기에 육아를 하고 있는 부모들에게는 핫한 토픽이지만 한 세대, 두 세대 위 어른들은 '수면 교육이 뭐야? 대체 왜 애를 울리는 거야?'라며 공감하지 못하시죠. 실제로 고객의 시댁과 친정 어른들의 반대는 수면 교육 컨설팅을 하는 데 큰 걸림돌이 되곤 합니다. 비단 윗세대의 반대뿐만이 아닙니다. 맘카페에서 흔히 볼 수 있는 수면 고민에 대한 선배 엄마들의 의견은 '수면 교육' 찬반론으로 나뉘곤 합니다.

맘카페 선배 엄마들의 수면 관련 의견들

"저희 아이는 때가 되니 잘 자더라구요. 두 돌까지는 너무 사랑스러워서 안고 젖 물려가며 재웠어요. 3개월에 퍼버법이라니, 너무 빠른 거 아닌가요? 두 돌까지 저희 아이도 통잠 안 잤어요."

"저는 2개월부터 눕혀서 재우는 것, 쉬닥법으로 연습했고, 3개월 되니 통잠을 자기 시작했어요. 광명 찾았어요."

"수면 교육도 아이마다 차이가 있어요. 저는 뼈저리게 실패했어요. 애 울리고 이게 뭐하는 짓인가 싶더라구요."

실제로 맘카페에서는 비전문가들의 경험 공유가 전문가의 경험 공유처럼 느껴질 가능성이 매우 크기 때문에, 부적절한 조언들이 넘치곤 합니다. 예를 들어, 제가 가장 놀랐던 것은 3개월 미만 아이에게 퍼버법을 하는 부모님들이 실제로 매우 많다는 것입니다. 오늘도 인스타그램 피드에서 '58일 아기를 퍼버법으로 1시간 울렸어요!'라는 글을 보았습니다.

퍼버법으로 수면 교육을 한다고 문제가 되는 것은 아닙니다. 하지만 퍼버법은 수면 전문가들도 3개월 미만 아이에게는 권장하지 않습니다. 자기 조절력이 아직 미숙한 시기이기 때문이죠. 수면 전문가는 아이 개월 수, 기질, 성격, 분리불안 여부, 부모가 아이의 울음을 견딜 수 있는지에 따라 수면 교육 방법을 적절하게 선택하는 훈련을 반복적으로 진행합니다. 이런 훈련이 없는 상태에서 맘카페 조언을 따라 퍼버법, 안눕법, 쉬닥법을 선택하는 부모님들께서는 시행착오를 많이 겪게 될 수밖에 없죠. 이런 시행착오를 겪다가 수면 교육을 실패하게 된다면?

"우리 아이는 안 되는구나"라는 잘못된 생각을 갖게 되고, 더불어 육아 자신감은 떨어질 수밖에 없습니다. 선배 엄마들의 "나도 두 돌까지는 힘들었으니, 네 아이도 새벽에 깰 거야. 2년만 버텨봐." 하는 무용담들은 현실적으로 도움이 되지 않습니다.

머릿속으로는 '그래, 2년만 죽었다 생각하자' 할 수도 있겠죠. 하지만 현실적으로 육아전투에 뛰어들면서, 하루하루가 불안하고 피곤에 찌든 삶이 됩니다. 아이를 보면서 나의 체력은 한계에 도달하고, 행복하지 않은 육아가 시작되거나 남편에게 더 예민하게 굴거나 산후우울증, 육아 우울증, 번아웃이 오게 되죠. 저 역시도 그런 상황을 겪었습니다.

수면 교육은 우리 아이가 처음으로 받는 교육이라는 말도 있습니다. 그렇다면 더욱이 옆집 언니에게 교육 조언을 들으면 안 된다고 생각합니다. 자격증이 있는 노련한 전문가와 안전하고 침착하게, 끈기 있게 이끌어 나가는 것이 매우 중요합니다.

수면 교육

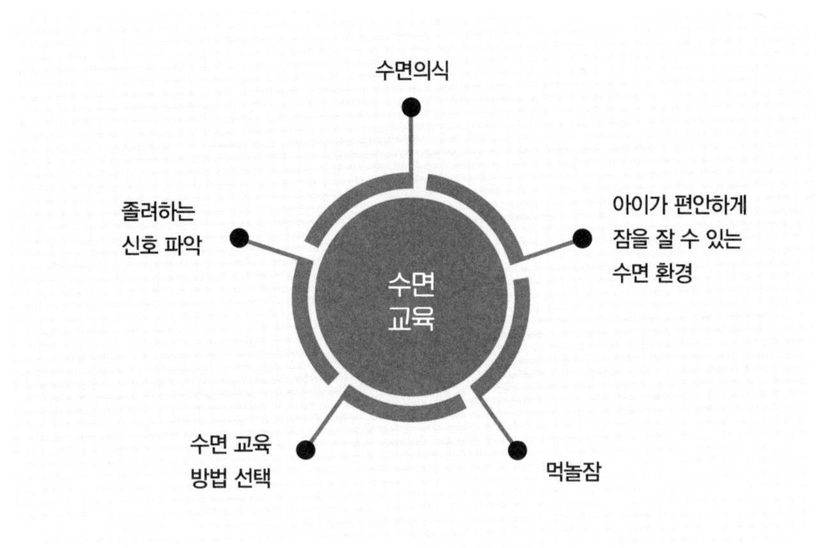

수면 교육은 '아이가 스스로 잠들고 올바른, 건강한 수면 습관을 잡는 교육'입니다. 수면 교육은 누구에게나 어느 정도는 필요하다고 생각합니다. 이유 없이 아이를 울리고, 분리수면을 하고, 정확하지 않은 퍼버법(점진적으로 개입하는 길이가 늘어나는 교육법, 빠른 효과를 보기 때문에 많이 선택한다.)만이 수면 교육은 절대 아닙니다. 수면 교육은 그 과정 안에서 아이를 위해 안전한 수면 환경을 만들어주며, 아이가 편안하게 잠들 수 있는 환경을 세팅해주고, 졸려하는 신호를 정확하게 이해하고, 잠이 올 것이라는 수면의식을 해주고, 먹고 놀고 자는 루틴을 만들어 '스스로 독립적인 수면'을 배울 수 있는 것이 수면 교육의 큰 범주입니다.

어른도 수면의식이나 수면 위생에 신경을 씁니다. 적당한 방 온도,

조명, 쾌적한 환경, 자기 전에 씻는 개인위생까지, 항상 자기 전에 반복적으로 시행하는 일들이 있습니다. 아이도 마찬가지입니다. 어른으로 커가는 과정에서 건강과 직결되고 일생에 가장 중요한 일부분 중 하나인 '수면' 생활은 아이에게 올바르고 건강한 습관을 잡아주는 과정입니다.

문화는 바뀝니다. 영아돌연사증후군이라는 단어는 실제로 저희 부모님 세대에는 존재하지 않았습니다. 오히려 두상 교정 목적과 수월하게 재우는 것으로 '엎드려 재우는 것'이 하나의 트렌드였죠. 많은 연구 결과와 위험성 인식 캠페인을 통해 그 트렌드는 교체되었고, 아이가 엎드려서 잘 자는 게 중요한 것이 아니라 안전하고 올바르게 잘 자는 문화가 자리 잡혔습니다. 그 안전하고 올바른 문화를 여러분도 이 책을 통해 느껴보시길 바랍니다.

수면 교육은 누구에게 필요한가요?

A엄마가 문의합니다.

"우리 아이는 제가 옆에 누워 있으면 알아서 뒤척이다 자구요. 낮잠도 한 시간 이상씩 자고, 밤에도 똑같이 재워주면 새벽에 10시간 통잠을 자요. 스케줄도 일정한 편이라 스트레스를 안 받는 편이에요."

아마 A엄마는 '순한 기질, 그리고 잠이 많은 아이'를 키우고 있는 것으로 보입니다. 재워주는 이 상황이 스트레스를 받지 않고, 아이도 스스로 잘 자니, 너무 좋은 상황입니다.

그러면 저는 이렇게 답변합니다.

"어머님, 아이가 현재 낮잠 연장도 잘하고, 새벽에도 10시간 이상 개입 없이 푹 잔다면 크게 걱정이 없어 보여요. 수면 교육은 '스스로 잠드는 습관'을 만들어주는 교육이고, 어머님이 아이 옆에 누워 있는 것을 고치고 싶다면, 수면 교육으로 습관을 잡아드릴 수 있습니다."

A엄마는 선택적으로 수면 교육을 할 수 있습니다. '스스로 잠드는 습관'이 누구에게나 필요한 것은 아닙니다. 아이를 품에 안고, 침대에서 같이 뒹굴거리며, 빠져 나와도 울지 않고 스스로 잠 사이클을 연장하는 아이. 너무나 좋은 시나리오죠.

아이가 잠드는 데도 문제없고, 수면의 양도 충분해 보이고, 양육자의 스트레스도 없는 상태입니다. 모두 행복한 상황이니, "저희 아이가 수면 교육이 필요할까요?"라고 물어보신다면, 저는 "어머님께서 원한다면 할 수도 있겠지만, 굳이 필요하진 않습니다"라고 말씀드립니다.

B엄마가 문의합니다.

"선생님, 저희 아이는 제가 옆에 누워서 재우려면 기본 30분은 걸려요. 아이 눈에 띄지 않게 몰래 빠져나오는데요. 아이가 30분 이상 자지 못해요. 그래서 항상 대기조에요. 등을 대고 자서, 수면 교육은 된 것 같은데, 새벽에도 계속 깨요. 7개월 인생에 통잠은 단 하루도 없었어요."

B엄마의 경우, 이미 아이는 새벽에 너무 많이 깨고, 통잠을 경험하지도 못했고, 낮잠은 항상 30분만 자는 아이를 키우고 있습니다. 수면에 고민이 있는 것으로 판단되죠. 빠르게 수면 교육을 적용해야 합니다.

분명 같은 방법으로 재우는데, A엄마의 아기는 잘 자고, B엄마의 아기는 못 잡니다. 두 엄마의 재우는 방법이 문제일까요? 아니면 스케줄이 문제일까요?

정답은 '아이마다 다르다!'입니다. 어떤 아이들은 순한 기질에, 기본적으로 잠이 많고, 교육이 필요하지 않을 만큼 잘 잡니다. 어떤 아이들은 외부 환경에 예민하고, 기질적으로 까다로운 편이라 수면 자체가 많이 어려운 경우도 있습니다.

수면 교육의 목적은 누구나 다를 수 있습니다. 아이의 상황이나 양육자가 원하는 것이 모두 달라서 가정이 목표하는 바도 동일할 수 없습니다.

수면 교육은 아이가 입면 시에 긴 시간이 소요되거나, 지속적이고 심한 새벽 기상으로 수면의 질과 양이 낮아져서 아이의 컨디션이 나빠지는 것뿐만 아니라 양육자의 스트레스가 아기 수면으로 인해 가중되는 경우에 고려해볼 수 있습니다.

앞에서 소개드린 5개의 조합(아이가 편안하게 잠을 잘 수 있는 수면 환경 / 졸려하는 신호 파악 / 수면의식 / 먹놀잠 / 수면 교육 방법 선택)을 고려해야, 우리 아이 숙면에 도움이 될 수 있습니다. 많은 부모님이 수면 교육 적정 시기에 대해서도 문의합니다.

"우리 아이는 곧 6개월인데, 6개월 이전에 해야 성공할 수 있다던데요. 너무 늦은 건 아닐까요?"

"아기가 돌이 지났는데 이미 너무 많은 것을 알 시기여서, 수면 교육이 가능할까요? 두려워요."

이처럼 많은 부모님이 "우리 아이는 너무 늦은 게 아닐까요?"라고 질문합니다. 한 전문가는 '분리불안이 나타나기 6개월 이전을 수면 교육 시기로 이상적이다'라고 말합니다. 어떤 전문가는 3개월 이전, 다른 전문가는 4개월 이후를 얘기합니다. 수면 전문가 입장에서 봤을 때 모두 다 일리 있는 말이기는 합니다.

하지만 진정한 수면 교육의 적기, 그 해답은 '부모님이 정말 원하고 필요하다고 느낄 때'가 아닐까 싶습니다. 근거 있는 이야기로 어떤 시기가 적기라 제안해도, 교육을 진행할 양육자의 마음이 준비되지 않았고, 필요성을 느끼지 않는다면 그 언제라도 적기가 아니겠지요. 반대로 우리 가정에 질 좋은 수면이 필요하다 느끼고 동시에 교육에 임할 준비가 되었다면 '바로 지금'이 수면 교육을 진행하기에 가장 좋은 시기일 거예요. 가은이 어머님 사례를 소개드리고 싶습니다.

'수면 교육을 해야 하나? 혹은 너무 늦었나?'라는 고민을 엄청 하시다가, 시간이 지나면 괜찮아지겠지 하며 기다리고 또 기다리다 아이가 10개월이 되었습니다. 10개월 차까지 가은이 수면에는 개선점이 없었고, 아버님이 아기를 재울 수 없어서, 어머님은 항상 쫓기듯 밥을 먹고, 샤워를 하고, 가은이를 재웠습니다. 자주 깨서 우는 가은이 때문에 어머님은 아이와 같은 침대에서 주무셨고, 가은이는 새벽에 보통 세네 번은 깼습니다. 어머님은 '밤에 2시간만이라도 편하게 잤으면…' 하는 마음이 간절했죠.

아이가 스스로 밤잠 입면을 하던 첫 날, 어머님은 시간에 구애받지 않고 처음으로 편하게 샤워했다며 감격하셨어요. 현재는 가은이가 21개월이 되었고 여전히 수면 습관을 유지하며 잘 자고 있습니다.

남들이 생각하기에 10개월은 조금 늦은 시기라고 생각할 수 있지만, 수면 교육은 생후 6주부터 다섯 살까지, 그 이후에도 가능합니다.

정신의학과 교수이자 소아수면센터 협회장인 조디 민델Jodi Mindell의 저서 《Sleeping through the night》 한 구절에 의하면, "수면장애가 있는 84%의 아이들은 3년 후에도 같은 수면 문제를 지속적으로 보였고, 행동 문제 또한 동반되었다."라고 합니다. 이렇듯 수면 문제는 아이의 행동에도 성장 후에도 문제가 지속될 가능성이 매우 높습니다.

수면 교육은 기본적으로 '아이의 울음'이 동반됩니다. '해볼까?'라는 가벼운 마음으로 시작하는 것은 추천드리지 않습니다. 가벼운 마음이 '하루 해보고 울면 말지 뭐~'가 되어선 안 됩니다.

수면 교육의 실패를 경험하면, 부모님 자신감의 문제도 있지만 가벼운 마음으로 해본 몇 번의 시도는 아이를 헷갈리게 만들 뿐 성과 없이 엄마도 아이도 눈물만 남기 때문입니다.

다음 시도는 더 겁이 나고 수면도 힘들어집니다. "수면 교육은 무서운 것, 내가 할 수 없는 것." 이렇게 단정짓게 된다면 양육자의 자신감 결여는 양육에 꽤나 큰 타격을 미칩니다. 수면 교육은 스스로 흔들리지 않을 때 시도해주세요. 육아의 핵심은 일관성이니까요.

모유수유 중인 아이들도 수면 교육이 가능한지 많이 질문하십니다.

"저는 현재 9개월 아기를 키우고 있습니다. 저희 아이는 태어나서부터 한 번도 통잠을 자보지 않았고, 모유수유를 하다보니 새벽에 거짓말하지 않고 아이가 10~20번 정도 깨서 젖을 물곤 합니다. 이런 아이도 수면 교육이 가능한가요? 정말 너무 힘들어요."

9개월 동안 새벽깸이 10~20번이라니, 젖물잠(젖을 물고 자는 경우) 10~20번이라니… 종종 있는 일이지만, 엄마의 힘듦은 정말 가늠할 수 없을 것입니다. 수유를 누가 도와줄 수 없는 상황에서 엄마는 오롯이 밤을 지새우며 아이를 먹이고, 재우는 일을 반복하는 9개월 동안 얼마나 힘들었을까요. 과연 이런 아이도 수면 교육이 가능할까요?

의학적인 문제가 없고 수유량이 충분하다면 수면 교육은 가능합니다. 아이가 9개월 동안 통잠을 자지 않았다면, 만성 피로까지 쌓여서 깨어 있는 일과에는 먹는 것도 노는 것도 훨씬 어려울 거예요. 그러다가 밤에 과식한다면, '우리 아이가 낮에는 왜 먹지 않을까?' 하는 의문이 생기죠. 이렇게 먹는 것과 자는 것, 둘 다 어려운 경우 아이 성장 발달에도 문제가 생길 수 있습니다.

결과적으로 이 아이는 교육 7일 만에 새벽에 20번 있던 모유수유가 4회로 줄었고, 한 달 이후에는 새벽수유가 0회인 채로 졸업했습니다. 감사하다고, 어머님도 푹 주무신 날이 오랜만이라고 말씀해주셨던 게 기억이 납니다.

또한 셀프 수면 교육을 진행했다가 수면 교육을 포기한 부모님들 혹은 이곳저곳에서 조언을 받다 포기하고 상담받는 경우도 많습니다.

"7개월 아기, 수면 교육을 했다가 안 했다가 했는데 다시 시도하면, 부작용이 많을까요? 일전에 시도했다가, 아이가 저녁 8시에 잠들어서 새벽 3시부터 일어나는 것을 고쳐보려고 했는데 저의 큰 욕심이라고 해서 포기했거든요. 정말 욕심일까요? 저는 아이가 푹 잤으면 하는 마음뿐입니다."

친정 부모님의 반대, 남편의 반대, 친구의 날선 조언 등 수면 교육을 하는 부모는 의도치 않게 타인에 의해서 '이기적인 부모'라는 타이틀을 얻고 수백 번, 수천 번 고민했던 수면 교육을 포기하는 경우가 많습니다. 혹은 아이가 너무 울어서 양육자의 마음이 흔들려서 교육이 중단된 경우도 많습니다.

아이는 평균적으로 밤잠을 10시간 이상 자야 합니다. 아이 몸무게 발달이나 성장 속도에 따라 새벽수유 여부는 있을 수 있습니다. 부모님의 욕심이 아닙니다. 가능한 이야기입니다. '스스로' 자는 것을 배운다면, 새벽에도 '스스로' 연장할 수 있는 힘을 기를 수 있습니다. 때문에 모든 아이들은 충분히 수면 교육이 가능하고, 아이에게 맞는 새벽깸의 요인도 찾을 수 있습니다.

이러한 이유 때문에 저희가 수면 컨설팅 이후에도 교류할 수 있는 '졸업생 커뮤니티'를 만들었습니다.

누구도 수면 교육을 했다고 질타하지 않고, 한마음 한뜻으로 도와줄 수 있는 공간입니다. 수면 교육을 한 부모님들에게는 이런 공간이 매우 필요합니다. 이곳에서는 어느 누구도 유난인 엄마라고 얘기하지 않습니다.

육아는 내 가치관에 맞게 아이를 양육하는 것입니다. 같은 가치관을 가지고, 서로 배우고 도우며 행복하게 양육하는 것. 저희 저자 둘이서만 공유하던 가치관에 수많은 어머님이 동의하셨다는 건, 우리 아이들도 엄마들도 행복하다는 의미 아닐까요.

많은 부모님이 헷갈려하실 만한 부분들을 정리해서 다음 체크리스트를 준비해 봤어요. 체크해보면서 생각을 정리해보는 건 어떨까요.

〈수면 교육이 필요한 경우〉 항목에 한 개라도 체크가 된다면, 수면 교육을 추천드립니다. 수면에 스트레스가 있다면, 주저 없이 수면 교육을 선택해 주세요. 어떠한 선택을 하더라도, 여러분은 최고의 부모라는 사실은 절대로 변하지 않습니다.

많은 소아과 의사들은 수면 교육은 아이에게 필수이며, 수면은 배우는 기술learned skill이라고 합니다. 배워야 아는 기술이기 때문에 부모로서 양질의 수면을 아이에게 알려주기 위해 수면 교육을 진행합니다.

하지만 배워야 하는 기술은 시간이 걸립니다. 하루 아침에 울지 않고 웃으면서 자면 얼마나 좋을까요. 슬프게도 현실은 그렇지 않습니다. 수면 교육은 마치 아이에게 처음으로 자전거를 가르치는 것과 같습니다. 많이 넘어지고 다칠 수 있어요. 울 수도 있죠. 하루, 일주일 못 탔다고 포기하지도 않습니다. 매일 나가서 연습하고 결국 성공합니다. 수면

수면 교육 할까 말까 고민된다면, 체크해주세요.

수면 교육이 필요한 경우

- 아이를 재우는 것이 힘이 들고, 어떻게 해야 하는지 모르겠다. ☐
- 아이도 잠을 자지 못해, 힘들어하고 잠투정이 심하다. ☐
- 낮잠 연장이 절대적으로 되지 않아, 아이 컨디션이 나쁘다. ☐
- 아이가 먹으면서 계속 존다. ☐
- 양육자의 수면 부족으로 낮 시간 육아에 집중하기가 어렵다. ☐
- 아이가 노는 시간에 컨디션이 나빠 자주 보채고 놀이에 집중하지 못한다. ☐

수면 교육이 필요 없는 경우

- 아이를 재우는 시간이 행복하다. 아이가 잠을 자지 않아도 화가 나지 않는다. ☐
- 아이를 재우는 데 크게 스트레스 받지 않고, 아이와 함께 자는 것이 좋다. ☐
- 아이가 스스로 자지 못하더라도, 크게 수면 문제가 없어 밤에 깨지 않고 잘 잔다. ☐
- 양육자가 육아에 온전히 집중할 수 있어 질 좋은 육아가 가능하다. ☐
- 아이가 자지 않으려 하고, 잠드는 데 긴 시간이 소요되더라도 아이에게 화가 나지 않는다. ☐

교육도 마찬가지입니다. 아이를 믿고 진행하면, 반드시 성공합니다.

수면 교육 하루 만에 아이가 잘 잘 거란 생각은 버려주세요. 어른들도 한번 가진 습관을 쉽게 바꾸기 어렵습니다. 습관은 반복되는 과정에서 자연스레 익혀지는 행동 방식입니다. 건강한 수면 습관을 잡는 수면 교육은 적어도 4~6주는 소요됩니다. 특히 개입이 많은 젠틀한 수면 교육 기법은 더더욱 오래 걸릴 수 있습니다.

"

수면 교육 YES or NO

"

수면 교육을 하면 애착에 문제가 생긴다? NO

흔히 수면 교육을 하면 '애착 문제'가 항상 걱정이지요. 아이가 우는데 바로 바로 반응하지 않아, 아이와 나의 신뢰감이 상실될까, 아이가 상처받고 고통받지 않을까 하는 두려움, 그런 걱정이 수면 교육을 실패하는 가장 큰 이유입니다.

그렇다면 애착이란 무엇일까요? 부모와 아이 간의 '신뢰'라고 표현하고 싶습니다. 신뢰는 하루아침 단기간에 쌓이는 게 아닙니다. 연인간에도 지속적인 상호작용과 대화, 눈맞춤, 비언어적·언어적 행동 등 다양한 모습으로 신뢰가 쌓이게 됩니다.

아이도 마찬가지입니다. 하루아침에 신뢰가 쌓이는 것이 아니라 세상에 나와서 배고플 때, 기저귀가 불편할 때 불편감을 호소하면 그에 상응하는 반응을 보여주고, 엄마 아빠의 따뜻한 언어, 비언어적 스킨십을 '지속적으로' 전달받으면서 아이에게도 친밀한 정서적 유대감이 생기게 됩니다. 그 믿음과 신뢰가 쌓여가는 과정과 결과를 '애착'이라고 생각하면 됩니다.

민감성이란, 아이가 기저귀가 불편하다고 울 때, 부모가 '기저귀 때문에 우는구나!'라고 알아차릴 수 있는, 요구를 민감하게 파악할 수 있는 요소입니다.

반응성이란, 아이의 신호에 적절하게 리액션을 해주는 것이에요. 스킨십이나 눈맞춤 등 상호작용을 의미합니다.

일관성이란, 같은 신호를 아이가 보냈을 때 항상 일관적인 태도를 보

애착 형성의 3요소

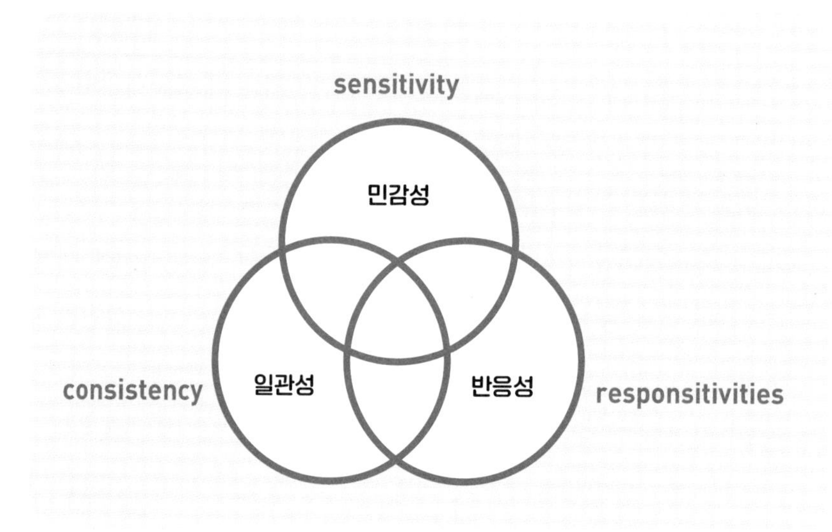

출처: 여성가족부

이는 거예요. 부모가 기분 좋을 땐 웃어주고, 기분 나쁠 땐 아이를 방치하는 등 일관적인 태도를 보이지 않는다면 일관성이 떨어지겠죠. 그렇게 되면, 아이는 혼란스러워 할 가능성이 큽니다.

제가 생각하기에 애착이란, 연인관계입니다. 연인과의 관계에서도 지속적인 대화가 쌍방향이 아니라 일방향이라면 대화가 통하지 않는다고 느낄 수 있습니다. 하지만 한두 번 정도의 이벤트로 애착이 와르르 무너지진 않겠죠. 이 관계가 불균형적으로 오랜 기간 유지된다면, 상호 간의 신뢰감은 떨어지게 됩니다.

아이와도 마찬가지에요. 일관적이지 않은 육아 태도, 민감하지 못하고 반응이 부적절한 육아 태도는 아이의 신뢰감과 애착에 영향을 끼칠 가능성이 높습니다. 여성가족부 자료에 따르면, 애착 이론은 크게 세 가지, 회피애착, 저항애착, 안정애착으로 분류됩니다.

회피애착은 20% 정도의 아이들에게 나타나는데, 양육자가 눈앞에서 사라져도 크게 반응하지 않지만, 실제로 느끼는 스트레스는 높은 경우가 많습니다. 양육자가 요구를 지속적으로 들어주지 않았거나, 민감성이 떨어지는 양육 방식에서 나타날 수 있습니다.

저항애착은 양육자가 일관적이지 못한 태도를 보일 때 10~15%의 아이들에게 나타납니다. 아이들은 예측할 수 없는 경우에 불안함을 느낍니다. 동일한 상황에서 부모가 기분이 좋을 때는 웃으며 반응하다가, 기분이 안 좋으면 화를 내는 것처럼 아이가 부모로부터 전혀 다른 반응을 지속적으로 경험하게 되면 저항애착을 가질 가능성이 높습니다.

안정애착은 양육자와 신뢰가 두터운 경우에 나타납니다. 양육자가 적

애착이론 3가지

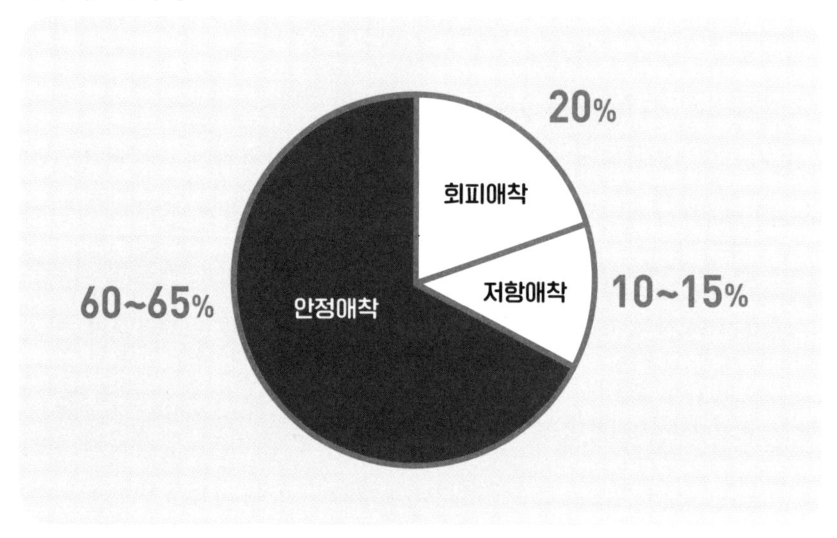

출처: 여성가족부

절하게 아이 맞춤으로 잘 반응해준 것이죠. 아이들의 요구에 일관성을 가지고, 민감하게 반응해준 부모들 중에서 60% 정도의 아이들이 안정애착 유형을 가지고 있습니다. 부모가 떠나면 불안해하는 모습을 보이지만, 부모가 돌아오면 그 불안도는 잠재워집니다.

우리가 원하는 것은 안정애착 관계입니다. 부모는 이 애착을 쌓기 위해 아이의 요구를 민감하게 받아들여주고, 파악하려는 노력, 적절한 반응을 해주며, 일관적인 부드러운 태도를 유지하는 것이 아이와 신뢰 관계를 쌓는 첫걸음이 됩니다.

이 이론에서 파악할 수 있듯이 부모는 아이가 어떤 상황에 놓였을 때 무엇을 원하는지 적절하게 파악하고 반응하며, 일관된 반응을 보여주는 것이 매우 중요합니다.

제가 생각하는 수면 교육도 이와 동일합니다. 수면 교육은 아이가 편안해하는 수면 환경을 조성해주고, 딱 졸려할 때에 맞춰서 눕히고, 지속적인 수면의식을 통해 일관성을 부여하고, 아이가 스스로 잘 수 있도록 기회를 주는 과정입니다.

그럴 때 부모가 일관성 있는 수면의식과 비슷한 일과를 통해 아이에게 안정감을 주는 것입니다. 부모의 반응 자체가 아이가 동일하게 울더라도 조금 기다리고, 몇 초 혹은 몇 분 후에 적극적으로 아이에게 위안을 주면서 '네가 스스로 못 자서 힘들구나, 나는 항상 네 옆에 있어. 나는 너를 응원해' 하며 대응하는 것이 민감하게 해결하는 과정입니다.

마치 아이가 자전거를 배울 시기가 되어서 밖에서 보호자 관찰 아래 자전거를 타는데, 넘어졌다고 하루아침에 수년 동안 쌓은 엄마와 아이의 애착이 와르르 무너지지 않는 것처럼 말입니다.

수면 교육을 하면 애착에 문제가 없다는 연구 결과 몇 가지를 소개해드릴게요. 우선 수많은 연구 결과들이 **'수면 교육과 아이와 부모의 애착에는 연관이 없다'**라고 말합니다.

2020년 워릭Warwick 대학교에서 178명의 영아와 부모를 18개월 동안 반복적으로 추척 관찰한 연구를 소개해드립니다. A그룹은 Cry it out(아이가 울더라도 몇 시간 동안 잠들 때까지 개입을 하지 않는 방법) 수면 교육 기법을 사용했고, B그룹은 아이가 울면 즉각적으로 반응해주었습니다.

연구 결과, 두 그룹의 아이와 부모의 애착에는 동일한 결과를 보였으며, 오히려 B그룹 아이들보다 A그룹의 아이들이 울음의 빈도, 길이가 현저히 짧다는 것을 확인할 수 있었습니다. 아이가 스스로의 감정을 '컨트롤' 하는 능력을 배우게 된 것이죠. 〈American Family Physician〉 저널에서 나온 다른 연구 결과를 소개해드립니다.

43명의 영아들을 대상으로 A그룹은 아이의 울음에 개입 빈도가 점점 늦어지는 수면 교육 방법을 사용했고, B그룹은 아이의 입면 시간에 따라서 취침시간을 점점 뒤로 늘리는 방법, C그룹은 수면에 대한 이론적인 지식을 제공했습니다.

연구 결과, A와 B그룹의 아이들은 C그룹의 아이들보다 입면 시간과 새벽깸이 줄어들었고, 교육 한 달 이후 엄마와 아이의 콜티졸 레벨(스트레스 호르몬)이 오히려 교육 전보다 줄어들었습니다. 또한 애착 관련해서는 세 그룹 사이에서 다른 점이 없었습니다. 즉, 어떠한 수면 교육 방법을 사용하더라도 수면 교육 자체가 아이와 엄마의 애착을 해치는 교육이 아니라는 점입니다.

수면 교육을 하더라도 민감하게 아이의 울음을 달래주며, 울음에 부모가 적절하게 반응하고, 일관성 있는 태도를 충분히 가질 수 있습니다. 수면 교육이 애착을 해치는 것이 아니라, 수면 교육을 제외한 전반적인 육아와 양육자의 양육 태도가 오히려 애착에 영향을 미칠 가능성이 있습니다.

아이와 애착이 어느 정도 쌓인 상태에서 수면 교육을 하면, 아이는 부모를 믿고 쏟아져 내리는 잠을 청하게 됩니다. 하지만 아이가 애착이

불안정하게 형성되어 있으면 수면 교육이 더더욱 힘들 수 있습니다.

기억해주세요. **수면 교육은 아이를 단순히 울리는 과정이 아니라, 아이를 이해하고, 소통 방법을 배우며, 내 아이를 잘 파악하는 부모가 되는 '유연성'을 배우는 과정입니다.**

많은 부모님이 수면 교육 과정에서 수면 교육은 '아기 교육이 아니라, 부모 교육이다'라고 표현합니다. 수면 교육을 통해 부모로서 유연성을 배우며, 우리 아이가 어떤 아이인지 더 잘 파악하게 되고, 그로 인해 초보 부모인 여러분은 한층 더 성숙해질 수 있습니다.

아이 기질에 따라, 수면 교육이 통하지 않는다? NO

수면에 힘든 부모님들을 만나다 보니, 대부분 수면 교육을 시도해보셨고, 수차례 실패를 겪은 분들입니다. 저희는 수면 교육 전에 아이의 기질과 성격, 분리불안 여부에 대한 상세한 질문지를 먼저 받아봅니다.

부모님들의 첫 마디는 보통 "우리 아이는 참 까다롭고 예민한데, 이런 기질의 아이도 수면 교육이 가능한가요?"입니다.

어른들도 잠이 부족하면 날이 서고 예민할 수밖에 없습니다. 더군다나 아이는 긴 시간 활동하기가 어렵기 때문에 때가 되면 낮잠을 챙겨서 꼭 자야 합니다. 그런 아이가 잠이 부족하다면 얼마나 힘들까요?

그렇다면 정말 기질적으로 잠이 없는 아이, 수면 교육이 불가능한 아이도 있을까요?

아이 '기질'에 대해서 알려드리겠습니다. 아이의 기질은 크게 세 가지로 나뉩니다. (대부분은 이 세 그룹에 속하지만, 속하지 않는 아이들도 있습니다)

큰 갈래의 기본적인 기질이 있지만, 같은 기질을 가지고 있다 하더라도 개개인은 모두 다릅니다. 나와 타인이 다른 존재인 것처럼, 나의 아이와 다른 아이는 다를 수밖에 없겠지요.

기질은 타고나는 성격적 특성으로, 본인이 타고난 기질을 다른 기질로 바꿀 수 없습니다. 가진 기질을 토대로 살아가는 동안 여러 가지 경험을 통해 나만의 성격을 형성하게 되는데, 이 성격은 노력으로 바꿀 수 있는 부분이지만, 기질은 이 성격을 형성하는 기본적인 재료라고 생각하면 쉽습니다.

아이의 기질

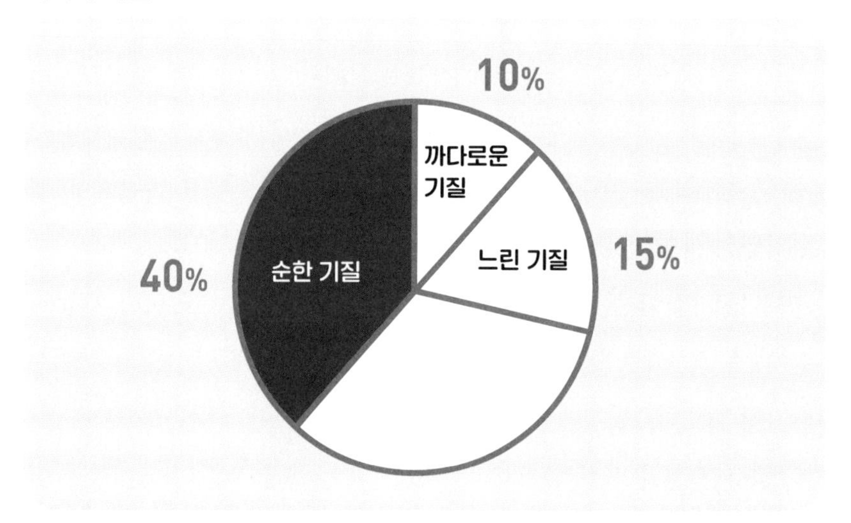

출처: 여성가족부

실제로 순한 기질, 즉 수월한 기질의 아이들이 40퍼센트를 차지할 만큼, 대부분은 예민한 아이들이 아닌 순한 기질의 아이들입니다. 아이가 잠이 부족하고, 질 좋은 숙면을 취하지 못하면, 순한 기질의 아이들도 일상에 영향이 갈 수밖에 없겠죠. 어른들도 수면이 부족하면 일의 능률이나 효율성이 떨어지고, 기분과 컨디션에 영향을 미치기도 합니다.

각기 다른 기질을 가진 아이들도 수면 교육 시 보이는 차이를 쉽게 설명해드릴게요.

예를 들어 순한 기질인 아이 A, 까다로운 기질인 아이 B, 느린 기질인 아이 C가 수면 교육을 시작했습니다.

본래 순한 기질의 특성은 새로운 환경을 수월하게 받아들이고, 까다로운 기질은 새로운 환경에 적응하는 데 저항이 있을 수 있습니다. 느린 기질도 새로운 환경을 받아들이는 데 시간이 많이 걸릴 수 있습니다.

순한 기질인 아이 A는 수면 교육을 할 때, 아무래도 울음이 덜하고, 수면 교육도 빠르게 성공하는 경우가 많습니다.

까다로운 기질인 아이 B는 수면에 저항성이 있거나, 양육자에게 지속적으로 요구하고, 고집을 피우기도 합니다. 또는 양육자의 도움을 거부하기도 합니다. 예를 들어, 부모가 안아주면 더 심하게 운다든지, 부모의 개입에도 흥분도가 가라앉지 않고 계속 우는 경우도 있습니다. 혹은 잠들기 전에 빛이나 소음, 양육자의 흥분도에 자극을 쉽게 받아 잠을 이루지 못합니다.

이런 경우, 잠들기 매우 힘들어할 때는 이 아이가 예민하게 받아들이는 '포인트'를 체크해야 합니다. 어떤 아이는 소음이었고, 어떤 아이는 빛, 어떤 아이는 온도였습니다. 우리 아이가 어떤 부분에서 특별히 예민해하고, 그 포인트를 바꿨더니 수면이 개선되었다면, 우리 아이를 이해하는 데 한층 더 다가갈 수 있습니다.

느린 기질인 아이 C는 수면 교육을 진행할 때 실패하는 경우가 종종 있습니다. 새로운 변화를 받아들이지 못하고, 기존의 잠연관(잠 준비물)을 계속적으로 요구합니다. 드문 경우지만, 몇 주 이상 수면 교육을 지속함에도 불구하고 굉장히 변화가 더딘 아이들이 있습니다. 이런 경우 점진적으로 누워서 재우는 것부터 진행하면 잘 통하기도 합니다.

A와 B 아이가 10개월에 수면 교육을 시작했습니다. 아이 A는 5일 만에 수면 교육이 되어서, 일주일 만에 컨설팅을 종료했고, 아이 B는 한 달 내내 번번이 낮잠 입면에 1시간이 걸렸습니다.

아이 B의 부모님과 심도 있는 대화를 나눴습니다. 이미 이전에 수면 컨설팅을 했었고, 실패한 경험이 있으며, 수면 교육을 셀프로도 수없이 시도했는데 2주 동안 전혀 차도가 없다고 하셨어요.

아이 B에 대해서 컨설팅 전에 부모님과 대화를 나누고, 상담 이후에 새로운 변화를 받아들이는 데 시간이 걸리는 느린 기질의 아이인 것 같다고 말씀드렸더니 매우 공감해주시더라구요.

결국 아이 B는 일주일 만에 밤잠을 스스로 자고 통잠까지 성공했지만, 낮잠을 스스로 자기까지는 2개월이라는 긴 시간이 걸렸습니다. 낮잠을 30분 이상 잔 것은 3개월 차였고요.

말이 통하지 않는 아이의 기질을 파악하는 것은 매우 어렵습니다. 초보 부모에게는 더더욱 그렇죠. 특히나 기질 검사를 시행할 수 있는 개월 수는 보통 36개월 이후입니다. 또한 수면이 어려운 아이를 두신 부모님은 대개 아이가 예민한 기질이라고 판단하기 때문입니다. 그러한 이유로, 저는 독자 여러분이 우리 아이 기질을 부모가 미리 파악하여 수면 교육 방법을 정하는 것보다는 한 가지 교육 방법으로 먼저 진행하다가 아이의 반응도를 보고 교육 방법을 변경하는 것을 추천드립니다.

반응도는 교육할 때 아이가 얼마나 수면 교육에 빨리 적응하고 어떤 변화가 일어나는지에 따라서 교육 방법을 결정합니다.

예를 들어 부모가 개입하면 울음이 더 진정이 안 되고 심해지는 아이가 있고, 부모가 개입을 하지 않아야 울음이 더욱 빨리 진정되는 경우가 있습니다. 이런 경우에는 개입을 최소화하는 교육 방법으로 바꿉니다.

또는 아이가 분리불안이 매우 심한 경우가 있습니다. 그런 경우 분리불안도의 레벨을 체크해서 교육 시작 전에 최대한 부모 개입이 있는 수면 교육 방법으로 바꿉니다.

아이를 단 세 가지의 기질로 판단하기는 어렵습니다. 기질의 특성들이 세분화되면서 갈래가 나뉘며, 태어났을 때부터 갖고 있는 고유한 기질과 환경적인 요인들이 만들어주는 성격까지 합쳐지기 때문이죠.

'아이가 많이 예민한 것 같고, 다른 아이들보다 힘들 것 같은데… 수면 교육이 가능할까요?'

우리 아이가 빠르게 달려 목표한 바를 먼저 도달한다고 해서 성공 여부를 결정하지는 않습니다. 부모가 아이의 수면을 개선하고자 하는 의지만 있다면 얼마든지 가능합니다. '우리 아이가 첫 번째로 실패하는 사례가 되지 않을까' 했던 수많은 아이들은 또 다른 건강한 수면 습관을 가진 아이가 되어 있습니다.

수면 컨설팅을 전문가와 진행하는 경우에는 우리 아이가 어떠한 부분에 예민한지, 바뀔 수 있는 조건들을 최소화하며 아이를 더 파악하는 훈련을 진행합니다.

'아, 우리 아이는 빛에 굉장히 예민한 아이구나?'

'우리 아이는 잠이 많은 아이로 바뀌었네! 그동안 안 잔 게 아니라 스스로 못 자서 잠이 많아진 것이구나.'

'우리 아이는 잠투정을 울음으로 해서, 잠들기 전까지 칭얼거리고 짜증이 많은 편이구나.' 등

전문가인 저도 아이를 파악하지만, 부모님들도 각자 아이의 전문가이므로 아이를 잘 파악하고 테스트하는 것도 수면 교육의 일부분이라고 생각해주세요.

개월 수에 맞춘 수면 교육이 따로 있다? YES

네! 맞아요. 아이 개월 수에 맞는 수면 교육이 따로 있습니다. 수면 교육에는 수많은 기법이 존재합니다. 우리나라에 잘 알려져 있는 세 가지 교육 방법 중에 쉬닥법(쉬~ 토닥 하며 진정시키는 기법), 안눕법(안았다가 눕

혀서 진정시키는 기법), **퍼버법**(울더라도 기다리고 최소한의 개입으로 진행하는 기법) 세 가지를 보겠습니다.

쉬닥법은 0~6개월 아이에게 사용합니다. 6개월 이후 아이에게도 종종 이 교육 방법이 효과적이기도 합니다.

안눕법은 3개월 이후 아이에게 사용하며, 8개월 미만까지도 사용합니다. 쉬닥법을 먼저 사용해보고 안눕법으로 전향하는 것을 추천하는 편입니다. 안눕법은 3개월에서 6개월 사이에 추천드립니다. 늦게는 8개월까지 아이가 많이 자극을 받지 않는다면 사용합니다. 체력이 많이 소요될 수 있는 수면 교육 기법으로 알려져 있습니다.

퍼버법은 아이가 5~6개월 이후, 최소 3개월 이상 되어야 추천합니다. 아이가 스스로 울음을 컨트롤 할 수 있는 능력을 배워야 하고, 이 부분은 어느 정도 발달이 가능해야 퍼버법 효과가 나타나기 때문입니다.

아이의 개월 수'만' 고려해서 보면 수면 교육 방법은 어느 정도 정형화되어 있습니다. 하지만 이 교육 방법뿐 아니라 의자 두기 기법, 잠깐 체크하기 기법, 울게 놔두기 기법, 점진적으로 사라지기 기법 등등 매우 다양한 수면 교육 방법이 존재합니다. 이 교육 방법들은 울음의 강도로 세분화되어 있습니다.

하지만 수면 교육 방법은 아이 개월 수뿐 아니라 아이의 기질, 성향, 부모의 성향, 부모가 아이의 울음을 견딜 수 있는 정도, 전반적인 부분에 대해서도 고려해야 합니다.

수면 교육을 해야 아기가 독립성, 자기절제력을 갖는다? YES & NO

전제 조건이 수면 교육을 해야'만' 독립성과 자기절제력을 가지진 않기 때문에 Yes and No로 답했습니다. 수면의 질과 양이 늘어나면, 아이에게 전달되는 이점은 매우 많습니다. 수면 교육을 하지 않으면, 아무래도 수면이 불안정한 아이들이 많기 때문입니다.

〈Early human development〉에서 생후 1년 동안 영아의 수면 패턴이 기질과 성장 발달에 어떤 연관성이 있는지 연구한 내용을 소개해드릴게요. 3개월, 6~11개월, 12개월 세 그룹을 대상으로 연구를 진행했습니다. 세 그룹의 아이들은 밤잠의 수면 양이 증가하였을 때, 아이들의 자기절제력이 상승된 것을 확인할 수 있었습니다.

추가로 11개월 아이들의 수면 양이 늘어난 경우, 생체리듬 주기가 개선되고 적응성과 융통성이 상승되었습니다. 12개월 아기의 낮 수면 감소는 감정 조절과 상관관계가 있는 것으로 확인되었습니다. 이 결과들로 유추했을 때, 규칙적인 수면 패턴과 긴 수면 길이는 아이들이 높은 사회성을 보이며 순한 기질과 연관 있다고 예상할 수 있습니다.

아이 수면은 적응성, 융통성, 감정 조절력, 접근성에 영향을 미친다는 연구 결과를 토대로 보았을 때, 수면 교육을 통한 수면의 질 향상은 아이의 정서 조절이나 성격 형성에 도움이 되는 것으로 판단할 수 있겠습니다. 하지만 사회적인 환경이나 부모의 성격, 양육 태도도 분명히 영향을 미치므로, 오직 수면'만'이 이 사회성에 역할을 하는 것이 아닌 점을 고려해주세요.

수면 교육은 한 번에 성공해야 한다? NO

수면 교육은 수면 '습관'을 만드는 과정이라고 말씀드렸습니다. 아이에게 자전거를 가르쳐주는 교육과 비유했지요. 자전거는 한 번에 성공하는 것이 좋을까요, 그리고 포기한 사람도 성공할 수 있을까요?

수면 교육은 한 번에 성공하면 제일 좋겠지요. 하지만 아이가 성장하면서 부모의 일관성 부족으로, 혹은 어떠한 상황에 의해 수면 교육을 한 번에 성공하지 못할 가능성도 충분히 있습니다.

그럼에도 불구하고 다시 마음을 잡고 일관적으로 수면 교육을 진행하면, 충분히 성공할 수 있습니다. 다만, 첫 번째의 처절한 실패로 양육자의 불안도와 걱정, 스트레스는 조금 더 가중될 가능성이 있습니다. 하지만 그 과정을 양육자와 아이가 함께 극복해 나간다면, 전혀 문제없이 수면 교육을 거뜬히 성공할 수 있습니다.

수면 컨설팅 회사를 운영하면서, 수면 교육을 이미 실패해본 부모님들을 아주 많이 만나고 있습니다. 그럼에도 불구하고 다들 성공해서 졸업하시니 걱정하지 마세요. 수면 교육은 일관성 있게, 민감하게 아이와 소통하면 수면 교육에 실패했던 아이들도 충분히 진행할 수 있습니다.

밤 8시 전에 자야, 성장 발달이 잘 된다? YES

아이 개월 수마다 조금 다르지만, 평균적으로 3개월 이후부터는 밤 7~8시에 밤잠 입면이 제일 최적화되어 있습니다. 그 이유는 '멜라토닌 수면 호르몬' 때문인데요. 멜라토닌 수면 호르몬은 밤 7~8시 정도에 폭발적으로 분비되기 시작합니다. 갑자기 그 시간대를 놓쳐버리면, 우리 몸은 항상성 작용(밸런스를 맞추려는 균형작용)이 시작됩니다.

'엇? 자야 하는 시간인데, 왜 안 자? 자는 시간이 아닌가? 그럼 더 깨어 있도록 멜라토닌을 낮춰줄게!' 하고 반대 호르몬(콜티졸)을 분비하는 시스템인 거죠.

때문에 밤 7~8시 사이에 입면하는 것이 수면 흐름을 타기에 제일 적절한 시간대이긴 합니다. 제일 밤잠이 길 수 있는 시간대이기도 하고요. 그 이유는 아기들은 보통 밤잠을 아무리 늦게 들어가도, 아침에 비슷한 시간대에 기상하는 경우가 매우 많아요. 예를 들어, 밤 7시에 자던 아이가 평균적으로 아침 6시에 기상하는 경우, 외출로 인해 취침이 갑자기 9시가 된 경우라도, 비슷하게 6~7시에 기상하는 경우가 대부분입니다. 따라서 충분하고 긴 밤잠 시간이 아기의 성장 발달에 영향을 미치는 것은 맞습니다. 아기는 수면 시간 동안 성장 호르몬growth release hormone이 분비되기 때문입니다.

하지만 늦게 자도 충분한 수면 양이 유지된다면 소아과 선생님과 상의 후 유지해줘도 문제는 없습니다.

모유수유 아기는 통잠을 잘 수 없나요? NO

많이 받는 질문입니다. 《Sleeping through the night》의 저자 조디 민델은 모유수유 중인 아기들이 '젖물잠(젖을 물고 잠이 들음)'이라는 습관이 들기 쉽기 때문에, 새벽수유를 끊는 시기가 분유수유 아이들보다 늦는 경향이 있다고 말합니다. 이 책에서 말하길, 한 연구 결과에 의하면, 모유수유를 하는 아이들의 52%가 새벽 깸이 있었고, 분유수유를 하는 아이들 20%가 새벽 깸이 있었다고 합니다.

모유수유를 하는 엄마들은 아이가 하루에 얼마만큼 먹었는지 가늠을 못하기도 하고, 모유수유가 분유수유보다 소화가 더 빠르다는 사실을 알고 있다 보니, 아이가 울면 '배고프다'는 생각 때문에 울 때마다 젖을 물리는 경우가 종종 발생합니다. 새벽에도 일어나거나, 뒤척이거나, 잠을 자지 않거나, 칭얼거리는 경우 '배고프구나!' 생각하고 수유해서 재우는 경우들이 발생합니다. 아이의 울음은 항상 '배고픔'은 아님에도 불구하고요. 그러다보니, 졸릴 때도 젖을 물고, 배고플 때도 젖을 물고, 심심할 때도 젖을 무는 상황이 발생합니다. 인간 공갈 젖꼭지가 되어버린 거죠.

모유수유와 분유수유 엄마를 비교해봤을 때, 잠연관이 없는 경우에는 통잠에 큰 차이가 없다는 연구 결과도 존재합니다. 젖물잠이라는 습관만 들이지 않는다면, 완모(완전 모유수유 아기) 아기도 가능합니다.

모유수유 아이도 충분히 통잠을 잘 수 있으며, 아이마다 '통잠 자는 시기'는 매우 다릅니다. 그건 분유수유 아기도 마찬가지에요. 아이가 수유가 충분히 이뤄졌고, 습관처럼 먹으면서 자는 습관만 없다면, '아이가 준비되었을 때' 통잠이 비로소 오게 됩니다.

하지만 자세한 상담은 엄마의 모유 양과 유질, 젖의 상태에 따라 다를 수 있습니다. 자세한 것은 꼭 모유수유 전문가와 상담해서 새벽수유를 언제 끊어야 하는지, 몇 분간 먹여야 하는지 자세한 1:1 맞춤 상담을 권해드립니다.

수면 교육할 때, 아이 고집을 꺾으려고 울리는 것이다? NO

솔직히 말씀드리면, 수면 교육을 하기 위해서는 아이의 울음은 어쩔 수 없이 동반될 수밖에 없습니다. 아이들은 왜 수면 교육을 하면 우는 걸까요?

대표적인 이유는 '변화' 때문입니다. 기본적으로 아이들은 예측 불가능한 상황을 그닥 좋아하지 않습니다. 익숙해진 루틴을 선호합니다. 때문에 '수면의식'을 해야 합니다. 수면의식을 통해서, 아이에게 '잠이 오는 거야'라는 것을 설명해주는 일종의 부모와 아이의 수신호 같은 것이죠.

예를 들어, 아이가 안겨서만 자는 습관을 가졌다고 생각해 볼게요. 안겨서만 자니, 아이는 졸리면 당연히 안겨야겠죠? 왜냐하면 '스스로 침대에서 자는 것'을 경험해본 적이 없으니까요. 누워서 스스로 자는 건 귀찮고, 불필요해지죠.

안겨서 자는 아이를 눕혀놓으면 '엄마! 아니 졸린데, 왜 눕혀놨어요? 저 이거 불편하고 싫어요. 당장 재워주세요.'라는 의미로서 울음으로 표현하게 됩니다.

맞아요. 처음에는 사랑스러운 내 아이가 우니, 부모 마음이 너무나 시리고 아플 수 있어요. 이걸 왜 해야 하나, 꼭 이렇게 '울려야' 하나, 회의감도 느낄 거예요.

하지만 안아주는 것이 문제가 아니라, 안아서 재움으로써 아이가 깊이 자지 못해요. 엄마 아빠는 사람이니 더울 수 있고, 엄마라는 침대는 계속 움직이니까요. 흔들리는 차 안에서 자는 것과 침대에서 자는 것 중 여러분은 어떤 걸 선택하시겠어요? 당연히 움직이지 않는 편안한 침대일 거예요. 안아서 잠들기 때문에 스스로 30~40분 낮잠 사이클을 연장하지 못하고, 새벽에도 수십 번 깨서 운다면, 과연 아이에게 좋은 걸까요?

아이 수면에 문제가 있다면, '아이가 스스로 잠드는 습관'을 만들어주어야 합니다. **울음이 동반되더라도, 건강하고 올바른 수면 습관을 길러주는 것이 수면 교육의 목표입니다. 또한 그것이 육아의 목적이라고 생각합니다.** 오은영 박사님도 육아의 목적은 '독립'이라고 했으니까요. 자, 여기서 울음에 대한 인식의 차이를 생각해볼까요.

아기가 울어도 내버려둬요 VS 아기가 울지만, 스스로 진정할 수 있도록 기다려줘요

두 상황 모두 아이가 우는 데 개입하지 않는 상황입니다. 하지만 분명 저 말에 숨은 의도가 다르죠. 첫 번째 상황은 뭔가 아이를 학대하는 것 같고, 아이를 안아줄 수 있는 상황인데도 불구하고, 울어도 안아주지 않는 경우로 생각됩니다.

두 번째 상황은 타당한 이유가 분명히 존재합니다. 아이의 '독립성', 스스로 진정하는 것을 배우는 것, 좋은 수면 습관을 길러주는 것 등 이유가 존재하죠.

'이유'와 '목표'를 정확히 알고 진행하면 죄책감 없이 수면 교육을 할 수 있습니다. 그래서 저는 수면 컨설팅을 할 때 부모님에게 '이유'에 대해서 최대한 설명을 드리려고 노력합니다.

수면 교육은 A라는 습관을 가진 아이에게 B라는 건강하고 안전한 수면 습관을 소개해주며, 그 습관을 잘 바꿀 수 있도록 부모가 도와주는 교육 과정이라고 생각하면 이해가 쉬울 겁니다.

울음이라는 과정을 통해서 아이가 '스스로' 진정하고, 스스로 졸릴 때 잠을 청할 수 있는 기회를 주셔야 합니다. 계속 빨리 개입해서 안아 재우게 된다면, 아이는 스스로 입면할 기회를 박탈당하게 되죠. 아이에게 배움의 기회가 없는 것입니다.

수면 교육 상담을 하다가 많은 부모님이 수면 교육을 하는 동안, 침대에 있는 아이에게 웃어주지 말고, 안아주지도 말고, 말도 걸지 말아야 한다고, 심지어 낮 활동 시간에 안아줘도 괜찮은지 물어보는 부모님도 많습니다.

당연히 안아줘도 됩니다. 안아줘야 하구요. 아이가 잠에 들어갔을 때 부모 역할은 아이가 스스로 잠들지 못하고 울고 있으니, 위안을 주고 평온을 주는 것입니다. 토닥이고 우는 아이를 달래는 와중에 갑자기 눈을 마주치지 않고, 웃지 않고, 안아주지도 않는다면 아이 입장에서는 너무 어색하고 그런 상황을 이해하지 못하겠죠. 불안하기도 할 거예요.

수면 교육을 하면서 당연히 안아주고 말을 걸어도 괜찮습니다. 하지만 아이가 졸리고 잠이 들려고 하는데, 부모가 10분이고, 20분이고 방에서 나오지 않는다면 문제겠지만요. 실제로 상담하면서 울음에 약한 부모님들에게 다음과 같이 말씀드리곤 합니다.

"어머님, 이렇게 생각해볼게요. 밤 11시, 취침시간이고, 너무 졸려서 방에 들어갔어요. 근데 갑자기 너무 좋아하는 연예인이 안방에 나타난 거예요. 그가 다정하게 말도 걸어주고, 손도 잡아주고, 토닥여도 주는데, 방에서 나가질 않아요. 잠이 확 달아나겠죠? 잠을 청하는 집중력도 낮아지겠죠. 어머님은 아이에게 그런 존재세요. 그래서 침대에 모빌도 떼고, 어머님도 잠시 안 보이는 곳에 계신 이유는 아이가 잠에 '집중'하는 시간이 필요해서입니다. 아이에게 집중할 수 있는 시간을 주셔야 합니다!"

좋은 수면 습관을 갖기 위해서는 울음을 왜 기다려야 하는지, 어떠한 상황에서 왜 아이에게 잠들 수 있는 기회를 줘야 하는지 생각해보고 타당성을 찾는 과정이 매우 중요합니다.

꼭! 기억해주세요. 엄마로서 이유 없이 내 아이를 울리지 않으리라!

수면 교육은 부모의 기질도 중요하다

수면 교육을 실패하는 두 가지 요인은 다음과 같습니다.

1. 일관성 부족 2. 확신 부족

이 두 가지가 가장 큽니다. 일관성 있게 하나의 방법으로 밀어부칠 수 있는 나의 의지, 그 의지가 설 수 있는 확신. 하지만 아이가 앞에서 계속 우는데 이제 막 출산한 초보 엄마는 전문가가 아니다 보니, 너무 방대한 정보 속에서 어떤 정보를 믿어야 할지 확신이 잘 서지 않죠.

유튜브를 보면 밤 8시에 자야 한다, 밤 7시에 자야 한다, 밝게 자야 한다, 어둡게 자야 한다 등 정보가 넘쳐납니다. 불안한 마음이 앞서다 보니 수면 교육 쇼핑에 돌입합니다. 안눕법도 며칠 해보고, 쉬닥법도 해보고, 최종적으로 퍼버법도 해봅니다.

한 가지 교육 방법을 시도하셨다면, 적어도 일주일은 밀어붙여 보세요. 일관성, 기억하시죠? 예를 들어, 퍼버법을 선택하셨고, 효과가 있었고, 부모님 성향에도 잘 맞았다면 그 방법으로 유지해주는 것을 추천드리지만, 처절한 실패를 겪고 이미 안아서 재우기 시작한 지 오래라면, 퍼버법에서 다른 교육 방법으로 바꿔도 괜찮습니다.

기억해주세요. **아이의 습관을 바꾸는 과정에서는 언제나 '일관성'이 제일 중요하다는 것. 일관성 있는 양육 태도를 갖게 되면, 아이는 부모를 믿고 따라오게 됩니다.**

아이 주도 양육, 아이가 원하는 대로만 따라가는 양육 방식을 선택하실까요? 아이가 우리를 이끌어주는 것이 아니라, 부모로서 우리가 아이를 이끌어줘야 합니다. 모든 것을 다 맞춰줘야 하고 아직은 세상이 두렵기만 할 신생아, 그 시기를 지나간다면 아이가 주도하는 양육에서 부모가 주도하는 양육으로 바꿔주기 바랍니다.

수면 교육을 진행하는데 아이 기질도 중요하지만, 교육하는 '부모 마음'도 중요합니다. 부모 마음이 편한 수면 교육 방법이 제일 우선입니다. 아이가 순한 기질이 아니라고 해서, 혹은 까다로운 기질이라고 해서 걱정해야 할까요? 아니에요. 내 자신이 나 스스로를 다른 기질로 바꿀 수 없는 것처럼 아이의 기질은 아이가 갖고 있는 고유의 것이에요. 같은 기질 안에서도 다 같지는 않은 나만의 것입니다. 그래서 순하다고 좋은 기질, 까다롭다고 나쁜 기질이 아닌 엄연히 다른 기질이라고 볼 수 있죠.

만약 우리 아이가 정말 예민하고 까다롭다는 것을 양육자가 일찍 알아챘다면, 내 아이를 더 잘 이해할 수 있는 힌트를 일찍 얻었다는 뜻이기도 합니다. 아이를 깊이 잘 안다는 것, 그것은 수면 교육을 넘어 육아 전반적으로 도움이 됩니다.

아이들이 갖고 있는 민감함은 신체를 자유롭게 사용할 수도, 의사 표현을 정확하게 할 수 없는 지금 시기에는 힘들게만 느껴질 수 있습니다. 아이가 성장하는 동안 아이 기질에 맞는 환경과 경험을 제공해 아이만의 재능을 발견하고 더 세심한 성격으로 발전할 수 있는 수많은 긍정적인 영향을 가져다 줄 수 있습니다.

많은 부모님이 컨설팅 때 자주 하는 이야기는 다음과 같습니다.

"제가 너무 예민해서 불면증을 달고 살아요. 그래서 우리 아이만큼은 잠을 잘 잤으면 좋겠고, 예민하지 않았으면 해요."

"수면 교육 중에 아이 할머니댁에 방문하려고 해요. 저도 잠자리가 바뀌면 잘 못 자는데요. 아이도 집에서는 제법 잘 자는데 환경이 바뀌면 못 자더라구요. 수면 교육이 잘못된 걸까요?"

"집에서는 수면 교육해서 한 시간 이상은 꼭 자는 아이인데, 카시트에서는 20분 정도 짧은 토끼잠을 자요. 밖에서도 잘 잤으면 싶은데, 수면 교육을 했는데도 왜 밖에서는 못 잘까요?"

아이가 소음과 환경에 예민해 잠자리가 바뀌면 못 자는 경우, 부모님들은 '나의 예민함을 닮지 않았으면' 하는 큰 고민거리를 안고, 일부러 소음에 노출시키는 등 이런저런 시도를 반복합니다.

평소 불면증을 달고 사는 엄마가 작은 소음에도 잠을 잘 못 잔다고 가정해볼게요. 소음을 차단하거나 이어플러그를 꽂고 잠에 청할 것입니다. 나의 환경을 컨트롤하고 조금 더 편안하게 잠들 수 있게 환경을 갖춰둘 거예요. 나와 꼭 비슷한 아이가 예민하면, 그 예민함은 고쳐줘야 하는 것일까요? 스스로 원하는 것을 말할 수도, 바꿀 수도 없는 아이가 '필요 없는 민감함'을 가졌기에, 양육자인 내가 꼭 바꿔야 한다고 생각하는 경우가 많습니다. 나의 의지대로 환경을 바꿀 수 있는 어른도 힘든데, 그걸 스스로 통제하기 어려운 아이는 얼마나 힘들까요? 그냥 적응해서 해결되는 문제가 아닌 거죠. 12개월까지는 원래 민감도가 높지 않은 아이도 훨씬 더 민감하고 예민하다고 느낄 수 있어요.

"엄마, 아빠, 아직 나는 스스로 할 수 있는 게 없어요. 엄마 아빠에게 의지하고 도움을 받아야 해요."

아이는 생존을 위해 자연스레 양육자에게 의지하고 신뢰를 쌓아갑니다. 많은 경험을 통해 아이는 예민해져 있던 민감도가 세상에 대한 믿음으로 점차 커가며 심리적 안정감이 생기고 차츰 괜찮아지기 시작하죠. 내가 불편한 것처럼, 아이도 불편할 수 있을 거란 생각이 따라와야 조금은 양육이 편안해집니다. 완벽한 아이를 만드는 과정이 아니라, 내 아이를 파악하고 이해해주는 것에서부터 양육이 시작되어야 합니다.

31개월인 제 딸, 리아는 순한 기질이지만, 겁이 많아요. 하지만 매우 사교적이고 활동적이에요. 아이가 겁이 많다는 것을 처음엔 알지 못했어요. 하지만 어느 순간부터는 정말 겁도 많고, 걱정도 많은 아이더라구요. 제가 딱 어렸을 때 그랬어요. 엄마가 말씀하시길, 수영 교실을 등록해줬는데 한 달 내내 저만 수영장에서 물에도 못 뜨고 울고 있었다고 해요. 저희 아이가 딱 그래요. 밖에서는 신나게 놀지만, 자기가 시도해보고 '어 괜찮네? 안 무섭네?' 하는 놀이라면 더 자신 있게 즐겨하죠. 미끄럼틀을 타기까지 18개월이 걸렸다면 믿어지시나요?(아직도 그네는 너무 무서워합니다.)

이처럼 아이를 파악해서 최대한 공감해주고 이해하려고 해주세요. 그네 늦게 탄다고 문제가 있을까요. 여러분도 꼭 아이의 기질을 파악하고, 그에 맞게 양육 스타일을 맞춰서 굳이 예민한 아이를 덜 예민한 아이로 키우려고 스트레스 받는 것보다는, 아이의 예민한 포인트에 맞춰서 양육하면 아이도 행복하고, 부모도 행복하지 않을까요. 양육자의 수면 교육에 제일 걸림돌이 되는 '울음', 다음 질문을 읽고, 내가 어느 쪽에 해당되는지 생각해보세요.

'당신은 아기의 울음을 얼마나 잘 참을 수 있습니까?'

아이의 울음은 불가피하게 수면 교육과 동반되곤 합니다. 아예 울음 없이 아이가 스스로 잘 자는 것을 배우면 얼마나 좋을까요. 하지만 기본적으로 '잠투정'이라는 단어 자체도 아이가 괴롭다는 것을 표현하는 것이 아니라 '졸림'을 표현하는 소통입니다. 언어적 표현이 아직 불가능한 아이들에게는 배고픔, 심심함, 불편감 등 모든 것을 표현하는 유일한 소통 방법은 '울음'입니다.

아기는 기본적으로 '변화'를 좋아하지 않습니다. 당연할 것이, 어른들도 지켜오던 루틴을 한순간에 바꾸라고 하면 불편하고 적응하는 데 시간이 걸릴 거예요. 저희 수면 컨설팅 졸업생인 민채 어머님 사례를 소개해드리고 싶어요.

민채 어머님은 아이 울음에 매우 약하셨어요. 수면 교육은 너무나 하고 싶으셨지만, 아이가 울 때 참기 힘들어하셨고, 스트레스를 받으셨어요. 아이가 우는 상황 자체가 무서웠고, 방 밖에서 들리는 민채 울음소리가 너무 고통스러웠다고 합니다. 민채는 기질적으로 예민한 아이였어요.

수면 교육을 진행하는데, 수월하진 않았어요. 교육 기간도 평소보다 조금 더 걸리긴 했구요. 하지만 민채가 편안해 할 만한 수면 환경을 만들어주고(조도, 소음, 조금 더 긴 수면의식, 낮에 차분한 활동 등) 꾸준함, 일관성 있는 수면 교육의 반응을 보여주다 보니, 민채도 안정적으로 졸업할 수 있었습니다.

아기도 A라는 수면 습관을 B라는 습관으로 바꾸는 과정이기 때문에, 어떻게 보면 아이에게 울음은 당연한 표현입니다. 그러므로 아이의 울음을 두려워하지 마세요.

이 울음은 아이가 스스로 잠들기 연습을 시작하면서 조금 더 동반될 수 있으나, 아이를 수면 교육 이전의 습관을 이용해 재워준다 하더라도 아이가 전혀 잠투정이 없다거나, 울음이 동반되지 않고 편안하게 잠들기는 어려웠을 것입니다.

보호자로서 '그래, 네가 불편할 수 있지. 힘들 거야. 하지만 배움의 과정이니, 엄마가 옆에서 도와줄게!'라는 마음을 가지고 아이를 바라봐주세요. 아이가 변하는 과정을 보며 대견하고 기특해 하실 거예요.

2장

아이가 태어나기 전에 알아야 할 수면 교육의 기초

나는 어떤 엄마가 되고 싶은가

설레는 마음으로 아이를 기다리고 있을 지금, 혹은 출산을 한 지금, 한 번쯤 생각해보셨을 겁니다. 나는 '어떤 엄마가 될 것인가'에 대해 말이죠. 막연하게 '좋은 엄마'를 꿈꾸는 초보 엄마에게 엄마라는 단어는 설레고 두렵고 무겁기도 할 거예요. 엄마가 되어 있는 지금 제게, 엄마는 '내가 해온 어떤 일보다 가치 있는 일, 평생의 책임이 따르는 업'이라는 생각이 듭니다. 그런 만큼 내가 되고자 하는 '어떤 엄마' 안에 내포된 아이를 대하는 나의 '양육 방식'을 정립하는 것이 중요합니다.

수면 교육 이야기에서 양육 방식을 왜 같이 언급한 걸까요?

생존을 위해 먹고 자는 일의 주체자인 아이는 스스로 하는 게 어렵기 때문에, 스스로 할 수 있기 전까지는 양육자인 부모가 주체자가 되어 아이가 편안하게 먹고 잘 수 있도록 환경 조성을 도와주는 것 역시 양육자의 몫이기 때문입니다.

아이들은 예측 가능한 일과를 편안해한다고 앞서 말씀드렸습니다. 규칙 안에서 생활하는 것을 편안해 하는 거죠. 이건 어른도 마찬가지에요. 예를 들어 아이가 평소 새벽 2시에 취침한다고 가정해볼게요. 아이가 한참 수면 호르몬이 분비되는 정상 취침시간에 먹어야 할 시간이 아님에도 먹고 놀며 즐겁게 하루 일과를 보내고 있다면, "남들이 취침해야 하는 시간에는 잘 자고 활동하는 시간에는 노는 것이 너의 성장에도 컨디션에도 부정적인 영향을 미칠 수 있으니, 엄마가 도와줄게."가 되어야 합니다.

"우리 아이는 원래 새벽에 자는 아이구나. 네가 그러고 싶다면 그렇게 새벽에 매일 잠들어도 괜찮아. 늦게까지 늦잠을 자고 낮 시간에 활동하기는 어렵지만, 그래도 네가 원한다면 그렇게 하자."가 아니라요.

지나치게 아이에게 모든 걸 허용하거나 통제해서는 안 되겠지만, 아이를 위해 적당한 한계를 설정하는 것도 중요해요. 아이에게 맞는 방향을 제시해주고 끌어주는 거죠. 아이에게 부모로서 '좋은 권위'를 갖고 양육하는 것이 필요합니다.

아직 자기 조절력이 미숙한 아이가 자지 않으려고만 하고 수면장애를 일으키는 습관이 있다면, 그 습관으로 아이의 성장과 발달을 저해한다면, 아이가 잘 자고 잘 자랄 수 있도록 수면 교육을 추천드립니다.

차분하게 부부가 다음 질문의 답을 함께 생각해보면, 양육의 방향성을 잡는 데 도움이 될 거예요.

• 어떤 부모가 되고 싶은가요?

• 소중한 우리 아이, 어떤 아이로 자랐으면 하시나요?

육아 방향 설정하기

"It takes a village to raise a child."

아이를 키우려면, 온 마을이 필요하다.

너무나 유명한 말이죠. 제가 사는 캐나다에서도 캐네디언 친구들이 자주 하는 얘기입니다. 아프리카 속담에서 비롯된 말인데, 커뮤니티 안에서 건강하고 안전한 환경을 조성하고, 아이들이 안전하다고 느끼는 공간을 만드는 데는 동네가 필요하다는 의미죠. 우리는 인터넷이 발달된 환경에서 코로나 시대에 살다보니 마을의 도움을 받기 힘든 상황이죠. 그래서 한국에서 특화된 것이 '맘카페'입니다.

맘카페에서 정보도 공유하고, 육아 제품도 추천하고, 힘든 마음도 공유하고, 모든 사람들이 한마음 한뜻으로 '임신/출산/육아'라는 공통적인 주제로 모이게 된 하나의 공동체입니다.

그 공동체 안에서 참 많은 일들이 있죠. 위로를 받을 때도, 공감하며 힘을 내기도 혹은 정말 중요한 정보들과 경험들을 공유하며 육아를 조금 더 수월하게 해내기도 합니다.

저도 맘카페에 정말 많이 들어갔는데요. 위안도 받고, 위로도 받고, '나만 힘든 게 아니구나'라는 생각을 참 많이 했던 것 같아요. 정보도 많이 얻었고요.

하지만 공동체, 현대 사회의 '맘카페'라는 마을은 때로는 독이 되기도 합니다. 초보 엄마이다 보니, 나에게 꼭 필요한 정보만 거르는 것이 매우 힘들죠.

어떤 엄마는 수유텀이 적어도 4시간은 되어야 한다 말하고, 어떤 엄마는 굳이 수면 교육을 하지 않고 업어 재우라고 조언합니다. 수면 교육이 정확하게 뭔지 모르는 상태에서 들어간 맘카페와 전문 자격증을 취득하고 들어갔을 때의 맘카페는 정말 다르게 보이더라고요.

많은 정보들이 있지만, 익명의 아이디 뒤에서 수면 교육을 고려하는 엄마를 질타하고 죄책감을 심어주는 어투나 문장에 마음이 참 무겁고 아팠습니다. 이 엄마가 아이를 괴롭히고 싶어서 이런 글을 올린 것은 아닐 텐데 말이죠.

그래서 맘카페는 너무나 좋고 공감과 위로를 받고, 원하는 정보를 얻을 수 있는 좋은 공동체이지만, 정보에만 너무 크게 '의존하지 않는 마음'을 기르셨으면 합니다.

아이를 '비교'하기 시작하는 문화는 너무 쉽게 내 마음 한 켠에서 시작됩니다. '조동(조리원 동기) 아이들은 모두 통잠을 자는데, 왜 우리 아이만 못 자지? 왜 우리 아이만 새벽수유를 하지?'라는 마음은 내가 나쁜 엄마가 된 것 같은, 부족한 엄마가 된 것 같은 마음으로 나를 옥죄어 옵니다.

절대로 독자 여러분은 이러지 않았으면 좋겠어요. 장기 마라톤인 육아에서 그런 불필요한 감정 소모는 쓸데없으니까요. 너무나 소중하고 육아 인생에 필수인 맘카페에서 필요한 정보는 수용하되, 내가 받아들일 수 있는 부분만 쏙쏙 받아들이고, 자신의 육아 멘탈을 해치지 않도록 보호해주세요.

익명의 아이디 뒤에서 나에게 죄책감을 심어주는 상대방의 의미 없는 조언에도 아랑곳하지 않고, 감히 나의 마음을 누르지 않고 지켜내는 힘은 '내가 어떤 엄마가 되고 싶은가, 어떤 육아를 하고 싶은가'라는 탄탄한 생각, 힘 있는 생각에서 나올 수 있습니다.

독자 여러분은 어떤 엄마가 되고 싶은가요? 어떤 육아를 하고 싶은가요?

개인적으로 저는 '모성애가 넘치고, 희생정신이 투철하고, 육아에 정말 열심히'인 엄마로서 살아가는 것은 불가능하다고 인정했습니다. 솔직히 말씀드리면, 저는 육아보다 일이 더 재밌거든요. 일을 통해서 조금 더 성취감을 얻고, 자아 효능감을 얻는 성격이기 때문에 더욱 그렇습니다.

하지만 저는 육아의 큰 기본 원칙을 반드시 지키면서, 아이에게 든든한 울타리가 돼주자는 마음으로 육아를 하고 있습니다. 큰 숲을 보고, 나뭇가지에 집착하지 말자는 마음으로요. 여러분도 큰 숲을 찾길 바랍니다.

❝

수면 교육을 위한 마음 다지기

❞

어떤 육아를 하고 싶은지, 어떤 엄마가 되고 싶은지 결정했다면 이제는 수면 교육 전, 마음의 준비가 필요해요.

'수면 교육을 해야 하나? 꼭 해야 하는 것일까? 그냥 두면 잘 자지 않을까?' 수없이 고민하셨을 거라 생각합니다.

처음 마음먹기가 힘들 거라는 것도 이해합니다. 혹여 내가 실패하지는 않을까 겁내지 마세요. 수면 교육의 실패를 두려워해, 실행하지 않는다면 변화는 없을 거예요. 믿고 따라가야 할 엄마와 아빠가 불안해한다면 아이는 더 불안해 할 거예요. 어쩌면 내가 정해둔 목표가 생각보다 쉽게 이루어질 수도, 혹은 굳게 마음을 먹었다 하더라도 조금은 더 긴 여정이 될 수도 있을 거예요.

수면 교육을 셀프로 해보다 처절히 실패를 경험한 많은 분들이 물어봅니다. 보통 첫 마디는 "실패한 아이들이 몇 명이나 되나요? 또 실패할까 두려워요. 수면 교육으로 트라우마가 생긴 것 같아요."라는 말이였죠. 많은 사례를 통해 다양한 아이들을 접해본 경험으로 느낀 바는 '수면 교육의 실패는 양육자의 포기'라고 할 만큼 실패할 만한 아이가 따로 있지는 않습니다.

수면 교육의 방향과 기법을 정했다면 이곳저곳 쇼핑하지 말고, 믿고 선택한 기법 하나로 밀고 나가주세요. 리서치를 많이 해보고도, 스스로 하기 힘들다면 여러분을 도와줄 수면 교육 전문가들이 있습니다.

넘쳐나는 잘못된 수면 교육 정보와 비전문가들이 부지기수로 생기고 있는 현실입니다. 경험이 많은 전문가와 비전문가는 다를 수밖에 없겠죠. 수년 전에 있었던 특별한 수면 컨설팅 사례를 소개드립니다.

그 당시는 자격증을 보유한 수면 전문가가 많지 않던 시절이었습니다. 의뢰한 어머님은 대면 컨설팅을 신청하셨는데, 앞선 컨설팅에서 '아기는 12개월까지는 속싸개로 꼭 싸서 재워야 하고, 아기가 자면서 움직이면 안 되며, 수유하면서 아기와 눈이 마주치면 잠이 달아날 수 있으니 아기 얼굴에 얇은 천을 씌워서 수유하라'고 교육받았던 내용을 들려주셨습니다.

초보 엄마이다 보니 컨설팅에서 조언받은 대로 아이를 수개월간 재웠다고 합니다. 그 당시 7개월이었던 아기는 점점 힘이 세졌고, 더 이상 기존 스와들을 사용할 수 없었는데 그 이유 때문인지 아기 역시 잘 잠들지 못했답니다.

못 자는 아이를 위해 상체와 하체에 각각 스와들 스트랩, 마지막으로 스와들업까지 삼중으로 입혀 재우다가 '이건 아니다'라는 생각에 저희에게 다시 문의를 하셨던 겁니다.

어머님이 컨설팅을 받았던 곳의 조언은 "미국 소아과협회의 안전 가이드라인인, 아기가 뒤집기를 시작하기 전에 스와들은 꼭 제거해야 한다."는 내용을 숙지하지 않은 것이었습니다.

이렇게 자격증이 없는 전문가의 조언은 위험할 수 있습니다. 때문에 수면 교육 전문가와 수면 교육 비전문가의 조언은 차별화될 수밖에 없습니다. 만약 전문가의 도움을 받길 결정하셨다면, 아플 때 병원에 가는 것처럼, 아이의 수면 문제도 전적으로 자격증이 있는 수면 전문가의 조언을 믿고 따라가주세요. 하루이틀 실행해보고 되는 것과 안 되는 것을 판단하기보다는 아이만의 속도대로 따라오고 있다고 믿어주세요.

어른들도 하루 만에 습관을 바꾸기란 쉽지 않습니다. 아이가 헷갈리지 않게, 일관성 있게 교육하는 것이 제일 중요합니다. '해보고 되면 좋고, 안 되면 말지 뭐'의 마음으로 시작해서는 안 됩니다. 나를 믿고 따라오고 있을 아이를 위해 첫 목표한 바를 늘 기억해주세요.

"

아기는 왜 못 잘까요?

"

수면 교육의 정의는 앞서 말씀드렸듯이 열 달 동안 자궁 안에 있다가 세상 밖으로 나와서, 어떻게 잠드는지 모르는 아이에게 '스스로 자는 방법'을 가르치는 교육입니다.

아기는 눕히면 그냥 자는 줄 아셨던 초보 부모님들, 정말 많으시죠? 저 또한 그랬습니다. 아기 재우는 게 이렇게 힘들 줄이야! 수많은 소아과 선생님들께서 입을 모아 얘기하듯, 아기의 수면은 배워야 하는 기술learned skill이라고 표현합니다. 그러니 배우지도 못했는데, 당연히 잠자기 힘들어 하는 것이 맞겠죠. 저희 컨설팅 졸업생인 하진 어머님 사례를 공유해드리고 싶어요.

4개월 하진이를 키우는 어머님께서는 낮잠 연장에 특히 고민이 많으셨어요. 항상 낮잠은 스스로 연장되지 않아, 하진이는 30분 만에 깨서 피곤하다고 계속 울었죠. 낮잠 시간에는 꼭 하진 어머님이 대기하고 계시다가 옆에 붙어서 토닥이거나 쉬 소리 혹은 안고 있어야 겨우 낮잠을 30분 이상 연장시킬 수 있었습니다.

어머님은 하진이 울음소리 때문에 산후우울증과 공황장애가 생길 정도였어요. 낮잠을 30분만 자면 하진이도 많이 칭얼거리고, 울고, 힘들어했어요. 하진이의 수면 교육 전 문제점은 바로 다음과 같았어요.

- 옆으로 재우지 않으면 안 되었어요.
- 쪽쪽이 셔틀을 매우 심하게 했어요.
- 스스로 낮잠 입면이 불가능했어요.

수면 사이클

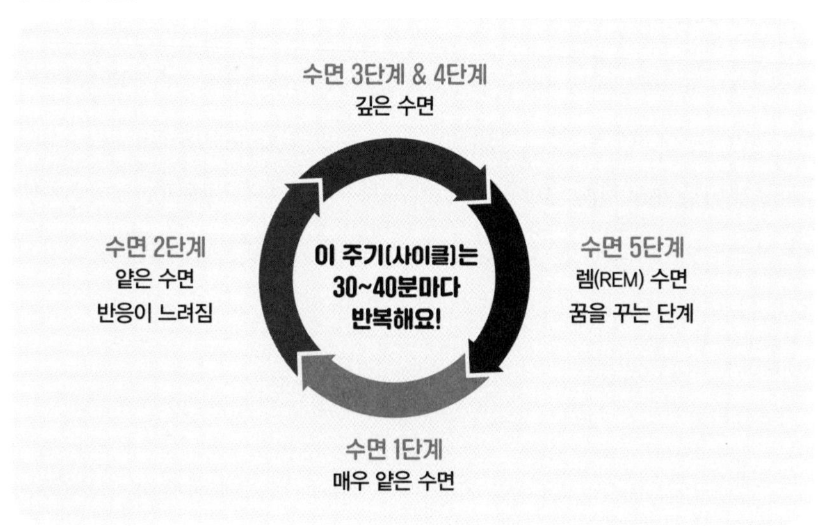

출처: 슬립베러베이비

아기의 수면 한 텀, 주기는 30~40분 내외입니다. 수면 1단계에서 5단계까지 이 주기를 '수면 사이클'이라고 하는데, 얕은 잠에서 깊은 잠, 그리고 얕은 잠이 반복됩니다.

하진이의 문제점은 스스로 잠들지 못한다는 것, 아이 자세를 고정해서 재우는 것은 안전한 수면 환경이 아니라는 점, 쪽쪽이에 강한 집착을 가지고 있다는 점이었어요. 이 세 가지를 개선하니, 하진이는 잠 천재가 되었답니다.

컨설팅을 할 때, 부모님들에게 설명드리기 위해 자주 쓰는 표현이 있습니다. 가나다라 한글도 배우지 않은 아이에게, "한 사이클 자고 일어나서 '사과'라고 적어봐! 다른 애들은 잘 적던데?"라고 강요하면 안 된다구요.

아이들의 잠 사이클 패턴

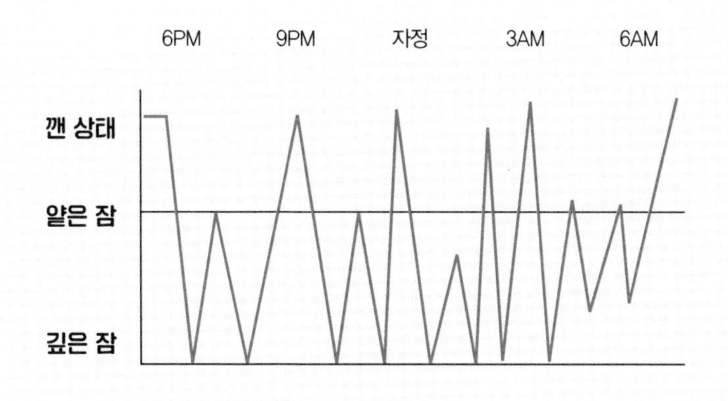

출처: 슬립베러베이비

무슨 뜻이냐면, 입면을 '스스로' 하지 않은 아이는 수면 사이클 '연결'을 '스스로' 할 수 없다는 의미입니다. 스스로 자지 않는 아이가 통잠을 잘 가능성은 현저히 적다는 거죠. 아이는 한 사이클마다 깨는 것이 너무 당연하거든요.

앞의 그래프는 아이들의 잠 사이클 패턴을 보여줍니다. 아이들은 어른처럼 '깊게' 오랫동안 자지 않아요. 자주 깨는 것이 정상인데요. 이렇게 깰 때 '스스로' 잠드는 것을 가르쳐주는 것이 수면 교육입니다.

그렇다면 수면 교육은 과연 부모가 편하기 위해 하는 것일까요? 아니면 아이가 편하기 위해 하는 것일까요?

우리 아이에게 질 좋은 수면은 다음과 같은 효과를 가져옵니다.

질 좋은 수면이 아이에게 좋은 점

1. 아이큐, 인지능력이 상승해요.
2. 낮에 컨디션이 좋아져요.
3. 높은 수면의 양과 질로 성장 호르몬이 잘 분비돼요.
4. 스트레스 레벨이 감소해요.
5. 소아 비만, 성인병 확률이 낮아질 수 있어요.
6. 잠이 해결되면 수유량도 자연스럽게 올라가요.

부모에게는 다음과 같은 이점이 있어요.

수면 교육이 부모에게 좋은 점

1. **예측 가능한 육아:** 무언가를 계획할 수 있다는 심리적 안정감은 장기 마라톤인 육아를 편안하게 해줍니다.
2. **육아 자신감 상승:** 육아를 할 때 자신감만큼 중요한 것은 없습니다. 가정에서 아이는 팀원이고 엄마/아빠는 리더죠. 리더가 리더답게 아이를 이끌어가는 자신감이 없다면, 장기전인 육아는 정신적으로 힘이 들 수 있습니다.
3. **산후우울증 감소:** 부모가 행복한 육아가 진정으로 자신 있고 행복한 아이를 만들죠. 엄마가 행복하면 낮에도 에너지가 생겨, 아이를 한 번 더 안아주고 웃어줄 힘이 생깁니다. 질 좋은 수면은 아이와 엄마에게 동시에 긍정 에너지가 전달되며, 그로 인해 산후우울증 확률이 감소됩니다. 부족한 수면은 몸과 마음에 부정적인 영향을 주기 때문이죠.

저는 수면 교육이 '부모'와 '아이' 둘 다를 위한 교육이라고 생각합니다. 수면 교육을 한다고, 해외 방식으로 아이를 키운다고, 아이를 울리는 것은 한국 정서에 맞지 않다는 것은 너무 오래된 이야기입니다. 실제로 30년 전 부모님 세대가 저희를 키울 때만 해도 '영아 돌연사'라는 단어는 존재하지 않았고, 아이를 '엎어서 재우는' 것이 육아 트렌드였죠. 두상 미용뿐 아니라 아이를 잘 재우기 위해서요.

이제는 엎드려 재우는 경우 사망 확률이 너무 높기에, 소아과협회에서도 등 대고 재우라는 캠페인을 시작한지 오래되었습니다. 기본적인 인식은 바뀌기 마련입니다. 맘카페 회원들의 조언, 친구나 부모님의 조언에 귀 기울이기보다는 현재 우리 아이에게만 집중해주세요.

수면 문제가 있다면, 수면 교육을 적극적으로 추천드립니다. **내가 맞다고 생각하는 것이 육아의 본질입니다. 다른 사람들이 손가락질해도, 부모님이 스스로 맞다고 생각하는 방향이 우리 가정에 맞습니다.** 수천 명의 아이를 수면 교육하다 보면, 아이들의 스케줄은 제각각이고 가정에서 원하는 방향성이 모두 다름을 알 수 있습니다.

❝

영아돌연사증후군은 무엇인가요?

❞

아이를 수면 교육하기 위해 준비하는 부모님들에게 제일 중요한 것은 바로 '올바른 수면 환경 조성하기'입니다. 안타깝게도 아직 한국은 안전한 수면 환경 조성 가이드라인에 대한 인식이 많이 부족한 편입니다. 침대에 가득한 쿠션, 두상베개, 이불, 극세사패드, 고정되지 않은 패드, 애착 인형, 역류 방지 쿠션, 바디 필로우 등은 북미에서는 금지된 아이템들입니다.

그렇다면 영아돌연사증후군Sudden Infant Death Syndrome, SIDS은 무엇일까요? 영아돌연사증후군은 1세 미만의 영아가 사망한 뚜렷한 이유를 찾을 수 없는 경우를 의미합니다. 정확한 원인을 파악할 순 없지만, 대표적으로 질식, 무호흡, 감염, 소화, 대사 장애 등으로 인한 가능성, 사고 발생 위험 요인(안전한 수면 환경 미조성) 등을 요인으로 꼽기도 합니다.

바람직한 아기 침대 비교 예시

수면 컨설팅 받기 전 아기 침대

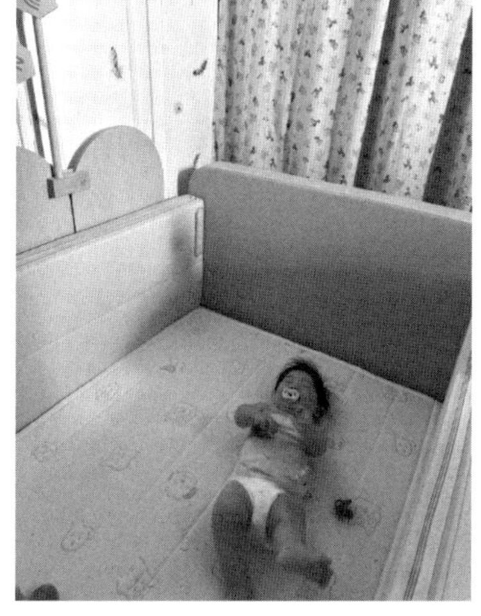
수면 환경 개선 이후, 아기 침대

어떻게 수면 환경을 조성해야 할까요?

현재 임신을 앞둔 산모거나 출산을 이미 한 부모님이라면 꼭! 읽어주세요. 지금부터 미국 소아과협회에서 발표한 안전한 수면 환경 조성 방법 최신 버전을 안내해드리겠습니다.

한국에 아직 알려지지 않은 내용들이 많습니다. 꼭 내용을 숙지하고 지켜주셔야 합니다. 그럼에도 불구하고 영아돌연사증후군은 일어날 수 있습니다.

미국 소아과협회, 안전한 수면 환경 조성 방법(최신 버전)

1. 등 대고 눕히기(옆으로, 엎드려 재우지 않기)
2. 평평하고, 단단하며, 각도 기울기가 있는 침대에서 재우지 않기(역류 방지 쿠션 사용 금지)
3. 모유수유는 영아 돌연사 확률을 감소시키므로, 모유수유를 권장한다.
4. 적어도 6개월까지는 분리수면보다는 부모와 한 방에 있거나 다른 침대 사용을 권장한다.
5. 베개, 푹신한 장난감, 이불, 매트리스 토퍼, 복실복실한 재질의 물건, 담요, 고정되지 않은 패드나 매트리스 커버는 사용하지 않는다.
6. 쪽쪽이 사용은 영아 돌연사 확률을 감소시키므로 자기 전에 사용을 권장한다.
7. 임신 중 혹은 출산 이후 흡연이나 니코틴, 알코올, 대마, 마약류 등의 불법적인 약물은 사용을 피한다.
8. 영아에게 머리에 모자를 씌워 덥게 재우지 않는다.
9. 산모에게 임신 동안 주기적인 검사를 권장하며, 소아과와 질병청 가이드라인에 맞는 예방접종을 시행한다.
10. 집에서 아이의 심장 기능이나 호흡을 모니터하는 기계는 영아돌연사증후군의 확률을 낮추지 않으므로 사용하지 말아야 한다.
11. 깨어 있는 상태, 부모 관찰 하에 시행되는 터미타임(배로 엎드려 있는 시간)을 권장하며, 출산 후 병원에서 퇴원하자마자 조금씩 터미타임을 시작하고, 생후 7주차가 되면 적어도 하루에 15~30분 이상 터미타임을 권장한다.

우리 몸에서 식도와 위는 연결되어 있습니다. 입으로 음식물을 통해서 식도를 통해 내려가고, 그 음식물은 위로 넘어가게 되죠. 이 식도와 위 사이에 괄약근이 있는데, 아직 아이들의 괄약근은 생후 3개월까지는 충분히 발달되지 않습니다. 괄약근이 조여주지 못하니, 위에 있는 음식물이 식도를 타고 올라와서 게울 수 있습니다. 때문에 12개월 미만의 아이가 트림을 할 때 자주 게우는 것은 매우 정상입니다.

아이를 등 대고 눕혀야 하는 것도 이런 이유 때문입니다. 누운 상태라면 식도괄약근이 어느 정도 닫혀 있는 상태이기 때문에, 역류 가능성이 줄어듭니다. 하지만 아이를 엎드려 놓는다면 위의 내용물이 충분히 역류하여 올라올 수 있고, 중력으로 인해 기도로 흡인될 가능성이 커지기 때문입니다.

안전한 수면 환경을 조성하는 것은 수면 교육을 위해서가 아니라 부모로서 아이의 안전을 위한 기본적인 가이드라인이기 때문입니다. 반드시! 중요하게 생각해주세요. 아이가 잘 자는 것도 중요하지만 언제나 안전이 최우선되어야 합니다.

안전하면서
예쁜 두상을 위한 팁

아이를 등 대고 재우다 보니, 납작한 두상이 걱정되기도 합니다. 요즘은 두상 교정 클리닉도 유행하는 추세라 교정헬멧이나 사두증 등 모든 부모님의 관심 토픽입니다. 저 또한 아이를 키울 때 최대 걱정이기도 했어요.

두상 교정을 위해 두상 교정 베개를 사용해서 수면을 취하게 하는 경우가 있습니다. 안전한 수면 환경 가이드라인에서도 안내드렸듯, 침대에 어떠한 푹신한 물건도 있어서는 안 됩니다. 왠지 목을 위해서 푹신한 베개도 필요하고, 추울 수 있으니 이불도 덮어주고 싶으시죠. 하지만 이건 정말 어른의 시각입니다.

아이는 어른처럼 이불을 덮고 자거나 베개에서 가만히 자지 않습니다. 오히려 이불은 12개월 전까지 질식 위험 때문에 추천하지 않고, 베개도 24개월까지 질식사 위험으로 추천하지 않습니다. 아이가 2~3세 이전까진 '베개'라는 것을 이해하지 못합니다. 아이가 베개를 사용한다면 부모는 매순간 곁에 있으면서 위험한 상황이 다가오면 바로 조치를 취할 수 있어야 합니다.

기본적으로 낮잠이나 밤잠을 잘 때 아이 옆에서 계속 대기하는 것이 아니라면, 베개는 절대로 사용하지 않아야 한다고 말씀드립니다. 대신 놀이하는 동안에는 사용해도 괜찮습니다. 두상을 예쁘게 유지하면서 안전한 수면 환경을 조성하는 팁을 몇 가지 알려드릴게요.

예쁜 두상을 위한 안전한 수면 환경 조성 방법

- 아이가 싫어하더라도, 매일 조금씩이라도 터미타임은 자주 해주세요. 머리를 바닥에 대고 눌리지 않는 순간이 많아지면서, 점점 뒤집기와 앉기가 시작될 때 아이 두상이 교정되는 경우도 많습니다.
- 두상 교정 베개는 낮에 놀이할 때나 양육자가 계속 관찰하는 상황에서만 사용해주세요. 아이가 잘 때는 사용하지 말아주세요.
- 침대에서 아이 머리 위치를 자주 바꿔주세요. 예를 들어, 침대의 윗부분이 머리 부분이라면, 그 다음날은 반대로 아래 부분(평소에 다리가 있는 곳)에 아이 머리를 눕혀주세요. 아이는 본능적으로 빛이 나오는 곳, 혹은 소음이 지속적으로 발생하는 곳으로 고개를 향하게 되어 있습니다. 잘 때 아이가 깨는 것을 방지하기 위해, 머리 위치를 자주 바꿔주는 것도 두상 교정의 팁입니다.

모유수유 VS 분유수유 여부 결정하기

아이를 기다리며 육아 용품을 준비하는 동안 젖병을 준비해야 할지, 유축기가 필요할지 혹은 완모를 위해 모유수유에 대해 깊이 공부해야 할지, 모유 양이 부족할 경우를 대비해서 어떤 분유를 줘야 할지 등 고민도 많고 정보도 두루 찾아보셨을 거라 생각합니다. 저 또한 그랬으니까요.

지금이야 분유수유의 비중이 높아졌고 선택권이 넓어졌지만, 할머니, 어머니 세대에서는 건강에 문제가 없는 한 보통 모유수유를 선택했습니다. '모유수유를 안 하는 것=모성애가 없는 것'과 같이 취급받곤 했던 시절이였죠. 그도 그럴 것이 그때만 해도 영아 돌연사라는 단어가 존재하지 않았으며, 수면 교육이라는 단어조차 있지 않았고, 또 아이가 울면 배가 고픈 것이니 젖 물려 재우는 게 일반적이었죠. 마치 자연분만을 한 산모와 다르게 제왕절개를 한 산모는 '진정한 출산'을 하지 못했다고 질타를 받거나, 제왕절개에 대한 부정적인 인식, 산모가 스스로 갖는 죄책감 등 정말 말도 안 되는 맥락으로 연결되었지요.

이전의 육아가 잘못됐다는 의미가 아닙니다. 지금은 똑똑하게 공부하며 육아하는 시대인 만큼, 나와 아이에게 잘 맞는 형태의 수유가 무엇인지 고민할 수 있는 여러 가지 선택지가 생겼다는 뜻입니다. 그럼 모유수유와 분유수유의 장단점을 알아볼까요.

모유수유의 장점

① 모유는 아기에게 완벽한 영양원 역할을 합니다. 특히나 출산 직후 3~7일 동안 나오는 진한 노란색 초유는 비타민, 단백질, 면역글로불린 성분이 풍부합니다. 아마 검색하면서 '초유'의 중요성에 대해 많이 읽어보셨을 겁니다.

② 아이는 엄마 품에 안겨 살갗을 직접 맞대고 수유하면서, 엄마의 심장소리를 들으며 엄마와 교감할 수 있어서 심리적 안정감을 갖게 됩니다.

③ 모유수유를 통해 엄마의 신체에서는 옥시토신과 프로락틴이 분비됩니다. 옥시토신은 자궁 수축에 효과적이며, 유방암과 골다공증 등 예방에 효과적이고, 프로락틴은 스트레스를 낮추는 데 효과적이어서 출산 후 산후우울증 감소에도 도움이 됩니다.

④ 임신 중 늘어난 체중이 모유수유를 하지 않은 경우보다 더 빨리

감소됩니다. 엄마의 영양소를 아이가 가져가는 만큼, 칼로리 소모가 이루어지니 자연스레 체중 감소에 효과적으로 작용하는 거죠. 자궁내막암, 자궁경부암, 유방암, 난소암 및 골다공증 등 발병률을 감소시킨다는 연구 결과도 있습니다. 또한 분유수유보다는 조금 더 경제적이라는 이점도 있습니다.

모유수유의 단점

① 아이가 충분히 수유를 하고 있는지 분유수유만큼 측정이 어렵습니다.

② 아이에게 직접 수유만 하는 경우에는, 새벽수유의 도움을 받거나 외출하는 것도 분유수유보다는 어렵습니다. 모유는 엄마만이 아이에게 줄 수 있는 것으로, 유축수유를 하지 않는 이상 새벽 시간에 아이가 배고파 일어나면 옆에서 도와줄 수 있는 사람이 있다 하더라도 직접적인 도움은 받지 못합니다.

③ 모유수유를 위해 식단관리를 잘 해야 합니다. 산후에는 물론 분유수유 어머님의 경우에도 잘 챙겨드셔야 하는 게 맞지만, 일정 시기가 지나면 가볍게 맥주를 한 잔 즐긴다거나, 커피를 좋아하는 분들도 있고, 조금 자극적인 음식을 먹거나 음식의 선택권이 자유로워지지만, 모유수유를 하는 경우에는 아이에게 직접적인 영향이 가는 만큼 어머님의 식단을 잘 지켜야 합니다.

④ 공갈 젖꼭지 사용이 어려울 수 있습니다. 유두 혼동이 올 수 있으므로 주의해서 사용해야 합니다.

분유수유의 장점

① 분유수유는 낮 수유 및 새벽수유의 편리함이 있습니다. 양육자가 번갈아가며 수유해줄 수 있고, 도움도 받을 수 있고 외출이 편하다는 장점이 있습니다.
② 아이가 얼마나 먹는지 양을 정확히 알 수 있습니다.
③ 모유수유의 경우에는 6개월 이후 철분이 부족한 경우가 있으나, 시중에 나와 있는 분유는 철분이 함유되어 있어 철분 부족의 가능성이 낮습니다. 엄마에게서 자연스럽게 받는 모유가 가장 좋겠지만, 시판 분유도 정말 잘 나오니, 아이의 성장에는 전혀 문제가 없습니다.
④ 모유수유처럼 엄마의 촉감을 느끼는 것은 아니지만, 엄마와 눈을 마주치고 품에 안겨 안정적인 정서적 유대감을 느낄 수 있습니다.

분유수유의 단점

① 소화가 더디다는 단점이 있습니다. 모유수유에 비해 소화가 더뎌

반대로는 포만감을 더 길게 유지한다는 게 장점으로 작용할 수 있겠지만, 모유보다 분유가 소화가 더딘 것은 사실입니다.

② 모유수유(직수)의 경우에는 따로 수유를 위해 준비해야 할 부분은 없으나, 분유수유의 경우에는 젖병 세척, 소독, 분유 타기 등의 준비 과정이 조금 더 번거롭습니다.

③ 모유가 경제적이라면, 분유는 때마다 구비해야 하므로 정기적인 지출이 생깁니다.

위의 각 모유, 분유수유의 장단점은 일반적인 정보입니다. 우리 가정에서는 모유수유가 더 잘 맞고, 다른 가정에서는 분유가 더 잘 맞을 수도 있습니다. 우리 아이는 모유를 잘 먹지만, 다른 아이는 모유를 안 먹을 수도 있겠지요.

난산으로 산후 컨디션이 좋지 않아 모유수유를 하기에 버거운 엄마도 있을 것이고, 실제로 허리디스크를 가지고 있어 자연분만도 어렵고 모유수유할 조건이 안 되는 엄마도 있을 것입니다. 모유수유의 장점을 다 알고 있지만 분유수유의 장점이 더 매력적이어서 분유수유를 하는 엄마도 있을 거라 생각합니다. 어떤 형태의 수유이건 아이가 잘 먹고, 잘 성장한다면 어떤 선택이라도 '제일 좋은 선택, 옳은 선택'이죠.

모유수유를 하지 않았다고 내 아이를 덜 사랑하고, 모성애가 없는 매정한 엄마일까요?

아이를 소중하게 여기고 최선을 다 하고 있는 엄마임을, 아이를 향한 나의 마음이 수유 형태와 전혀 관계가 없음을 잘 알고 있습니다. 혹여나 분유수유를 엄마인 나를 위해서 선택했더라도, 모유수유를 할 컨디션이 되지 않아 포기해야만 하는 상황이 오더라도 아이를 양육할 가장 중요한 **'엄마'를 위한 선택이 곧 사랑하는 내 아이의 선택과도 같다는 걸 잊지 마세요. 어떤 수유 형태이더라도 아이와 엄마가 함께 행복한 선택이 옳은 선택이라는 것! 꼭 기억해주세요.**

산후우울증,
산후 우울감 이해하기

산후우울증, 산후 우울감(불안감), 들어보셨죠? 정말 많은 분들이 겪습니다. 불안과 우울감의 정도 차이지, 대부분 어느 정도는 경험합니다.

산부인과 간호사로 일했던 시절, 산모들에게 퇴원 교육을 하면서 이렇게 안내드립니다. "혹시 아이를 해치고 싶거나, 자살하고 싶은 마음이 든다면 바로 진료를 보셔야 한다"고 말이에요. 그 당시 아이가 없던 저에게는 '설마 이런 일이 있겠어?'라는 생각을 갖고 교육했던 것 같습니다.

제가 출산을 하고 그 얘기를 담당 간호사에게 직접 들을 때는 참 마음이 이상했습니다. 더 놀랐던 것은 그 간호사가 날린 마지막 결정타였어요. 모든 상황을 꿰뚫어보는 듯한 표정으로 제 남편을 바라보며 "내일이면 와이프가 울기 시작할 거예요. 잘 다독여주세요." 그래서 저희 둘다 "엥? 무슨 말씀이세요. 제가 왜 울어요?" 했죠.

퇴원하고 집으로 돌아온 다음날, 친정 엄마와 밥 먹다가 옆집 강아지에게 저희 집 강아지가 꼬리 흔드는 얘기를 듣는데 정말 펑펑 울었답니다. 이해가 잘 안 되시죠? 그때 당시에는 '우리 강아지가 얼마나 놀고 싶었으면…'이라는 말도 안 되는 감정에 휘말려서 울었어요.

지금 생각해도 이해가 잘 안 되지만, 너무나 많은 산모님들이 겪는 정상적인 감정의 소용돌이랍니다. 아직도 산후우울증에 대해서 정확한 원인이 판단되진 않았지만, 호르몬의 변화, 육아 부담감, 신체적/정신적 스트레스, 수면장애도 원인으로 꼽힙니다.

산후 우울감은 보통 출산하고 3~5일 내에 느끼는 증상이며, 마음이 우울하고 기분이 다운되어 있으며, 이 자연스러운 감정은 대부분 시간이 지나면 자연스럽게 회복되는 편입니다.

여기서 조금 심화된 것이 바로 산후우울증인데요. 출산하고 10일 이후부터 우울감과 불안이 서서히 심해지는 느낌이 들고, 오히려 시간이 지날수록 나아지는 것이 아니라 악화되는 느낌이 든다면 빨리 전문가에게 진료를 보는 것이 중요합니다.

여기에서 제일 중요한 것은 바로 도움을 요청하는 것입니다. 이 대상은 가족, 친구, 남편이 될 수도, 아니면 의료진이나 지역 사회의 도움일 수도 있습니다. 산후우울증은 나의 육아에도 많은 영향을 미칩니다. 심각한 경우 아이를 해하는 마음까지 혹은 실천하는 경우도 있습니다.

이런 경우 의료진의 도움이 절실하며, 항상 내 마음을 들여다보고 인지하고, 도움을 청하겠다는 생각을 가져주세요. 산후우울증은 나약한 사람이 걸리는 부끄러운 것이 아니라, 누구나 걸릴 수 있는 마음의 감기 같은 것이고, 초보 엄마가 느끼는 압박감과 스트레스 때문에 걸린다고 생각합니다.

수면 컨설팅을 하면서 아이가 잠을 너무 자지 않아서 산후우울증이 정말 심한 분들도 많이 만나뵈었습니다. 한 어머님은 자살을 생각할 정도로 산후우울증이 심하셨어요. 어머님과 상담하고 매일 교육하는 저도 서포트하는 내내 마음이 조마조마했죠. 교육을 마무리하는 날, 마지막에 해주셨던 말은 수면 컨설턴트로서 지금까지도 잊지 못합니다.

"선생님의 도움과 노력 덕분에 우리 아이가 잘 자게 되었어요. 저는 불안과 우울 때문에 소화제와 위산제를 달고 살았는데 컨설팅을 받고 나서 비로소 끊을 수 있었어요. 저희 아이 잘 자게 만들어주셔서 감사드려요. 제 산후우울증도 치유될 수 있게 도움 주셔서 진심으로 감사드립니다."

어머님의 진심이 담긴 말 한 마디가 제 뇌리 속에 오랫동안 남아 있습니다. 실제로 수면 교육을 하면 엄마의 산후우울증 확률이 낮아진다는 결과도 보도되었습니다. 질 좋은 잠은 정신 건강에 중요하기 때문이죠. 하지만 수면 교육을 하려면 엄마와 아빠, 둘 다 강인한 인내심과 체력이 뒷받침되어야 합니다. 혹시라도 산후우울증이 의심된다면 꼭 의료진과 상의해보세요.

똑똑하게 산후관리사 도움 받기

저는 산후 전문 관리업체와 협업해왔고, 산후관리사 교육 강의도 많이 진행했습니다. 산후관리사님들의 연령대는 저희 부모님 세대거나 더 연세가 있는 분들이 많습니다.

대부분은 아니지만, 어떤 관리사분들은 영아 돌연사나 아이 수면 교육에 대한 지식이 없기 때문에, 관리사님과 산모님 사이에 서로 불편함을 호소하는 경우가 많습니다.

어떤 관리사님들은 수면 교육이 뭔지 모르는 상태에서 아이를 케어하십니다. 산모님들은 아기가 손 타서 등 센서가 생길까봐 조마조마한 마음과 함께 어르신이다 보니 직접 말씀드리지는 못하고 속으로만 속상해하는 경우가 많습니다. 실제 컨설팅할 때도 많은 어머님들이 다음과 같이 말씀하셨죠.

"신생아 시절, 관리사님이 아기를 너무 예뻐해주셔서, 아이를 내려놓지 않으셨어요. 계속 안고 계셨는데, 관리사님이 안 오시는 날이면 정말 손목이 남아나지 않았어요. 힘들어서 잠시라도 아기를 내려놓으면 자지러지게 울었어요. 이미 등 센서가 심하게 생긴 것 같았죠."

제가 산후조리 전문업체와도 협업을 진행하는데, 산후조리 담당 매니저가 산모 교육을 해줄 때 이렇게 말하더라고요.

"산모님들! 말하지 않으면, 관리사님들은 모를 수 있어요. 산모님들 각자가 원하는 부분이 다르기 때문에 어떤 점이 불편하거나, 관리사님이 주의할 점이 있다면 꼭 말씀해주세요. 나보다 어른이라고 불편한 점을 꾹 참으면, 관리사님을 위하는 게 아니라 의사소통의 부재로 서로 오해만 쌓일 수 있답니다."

정말 공감했어요. 저도 '맞아, 그럴 수 있지. 부탁드리는 입장에서, 이런 것까지 말씀드리면 민폐지. 참았다가, 가신 후에 내가 하면 되지'라는 성격이기 때문에 쉽게 말씀드리지 못했을 것 같아요. 하지만 다시 아이를 낳는다면 그렇게 속마음을 이야기하지 못하고 참는 것이 저에게도 그리고 관리사님도 더 불편하게 할 수 있다는 생각이 들었어요.

첫 아이 낳고 산후조리원에 들어가지 않고, '내가 해야지'라는 마음으로 집에 있다 보니, 제 몸이 너무 망가졌거든요. 육아도 힘들어져서 아이에게도 온전히 신경을 쏟지 못했어요. 또한 저 스스로 관리사님의

'눈치'를 보면서 꼭 하고 싶은 말도 제대로 못해서 소통의 부재만 야기했습니다.

결국 소통의 부재는 온 마음을 다해 산후조리를 도와준 관리사님의 정성조차도 온전히 느껴보지 못한 채 서로 만족스럽지 못한 결과를 얻게 되었습니다.

독자 여러분, 혹시 임신 중이라면 산후관리사님에게 이야기하고 싶은 항목을 예쁘게 적어서 부탁해보세요. 그러면 관리해주는 분 입장도, 관리 받는 입장도 편합니다.

오늘부터 남편과 함께 산후관리사님에게 부탁할 내용을 천천히 적어보세요. 다음 내용은 실제 산후관리센터(해나스 맘스케어)에서 산모 교육과 산후관리사 교육을 담당하는 매니저가 작성한 것입니다.

- 집 안에 출입을 원치 않는 공간이 있다면, 꼭 알려주세요.
- 못 먹는 음식이나 알레르기, 싫어하는 음식이 있다면 알려주세요.
- 반려동물이 있다면, 미리 알려주세요.
- 산후관리 서비스에서 어떤 점을 중요하게 생각하는지 알려주세요. 예를 들어, 식사보다는 신생아 케어에 더 초점을 두었으면 좋겠다고 말할 수 있습니다.
- 산후관리사님이 많은 육아 용품을 다룰 수 있지만, 고가나 최신 제품에는 어려움이 있을 수 있으니, 조심히 다뤄야 하는 물건이 있다면 알려주세요.
- 산후관리사님이 친근함을 표하기 위해 대화를 많이 걸 수도 있습

니다. 직접적으로 이야기하기 어렵다면, 업체에게 전달하는 방법도 있습니다.

- 아이의 안전한 수면 공간을 조성해주세요. 잘 잔다는 명목하에 엎어서 재우지 않도록 요청해주세요.
- 불편한 점이 있다면, 꼭 알려주세요. 업체 담당자와 이야기한 이후에 오해가 있던 부분을 푸는 것도 매우 중요합니다. 소중하고 예쁜 아기를 만나 쉬어야 하고, 나를 도와주러 오신 소중한 산후관리사님과 서로 노력하여 평생 잊지 못할 시간을 만드는 것도 중요합니다.

쌍둥이도 수면 교육이 가능한가요?

쌍둥이 수면 교육, 가능할까 싶으시죠. 이른둥이나 미숙아는 뭔가 약하고 소중해서 더더욱 조심하게 되는 것 같아요. 다년간의 컨설팅에, 저희는 많은 쌍둥이의 수면 교육을 진행해왔고(세 쌍둥이도 진행했음) 이른둥이도 정말 많이 보았습니다. 미숙아와 쌍둥이도 수면 교육은 당연히 가능합니다.

미숙아의 정의에 대해서 알아볼게요. 미숙아는 37주 미만, 혹은 아이 몸무게가 2,500g 미만으로 출생한 아기를 의미합니다. 이른둥이도, 미숙아도 '교정일수'로 계산합니다. 그럼 교정일수는 무엇일까요?

교정일수는 아이의 생일부터 카운트하는 것이 아니라, 아이의 '출산 예정일'부터 시작합니다. 단태아는 보통 40주를 출산 예정일로 알려드려요. 그 날짜에 맞춰서 교정일수를 계산합니다.

예를 들어, 40주 만삭에 36주에 출생한 경우, 다른 만삭 아이들보다 최대 한 달 정도 차이가 날 수 있다는 뜻이죠. 많은 부모님이 "소아과에서도 교정일수로 굳이 안 따져도 될 만큼, 몸무게나 키의 성장률이 괜찮다고 했어요. 그리고 인큐베이터에도 들어가지 않아서 36주 분만이더라도 교정일수를 따지지 않았어요"라고 말합니다.

하지만 수면 교육은 '뇌의 성장과 발달'에도 영향을 미치는 부분이 많습니다. 아무리 몸무게와 키가 또래 아이들과 비슷하게 성장했다 하더라도 발달에는 차이가 있을 수 있습니다.

많은 부모님이 교정일수를 파악하지 않고 아이 생년월일로 계산해서 개월 수를 측정하거나, 수면 교육을 무리하게 진행하는 경우가 많습니다. 우선 만삭의 기준은 40주이긴 하지만, 37주 이상부터는 무리 없이 분만할 수 있는 상태이기 때문에 만삭아로 판단합니다. 하지만 40주에 분만한 아이와 37주에 분만한 아이는 아무래도 발달에 차이가 있기 때문에 '3주 정도 전후반의 발달 차이가 있을 수 있겠다' 인지하고 교육하는 것을 추천드립니다.

예를 들어, 보통 3~4개월에 뒤집기를 하는데, 36주에 분만한 아이는 4~5개월(출생일자로) 정도에 할 가능성이 크다는 이야기지요. 아이의 발달속도와 뒤집기 시도 여부, 아이가 어느 정도 오래 깨어 있는지를 판단하여 총체적으로 봐야 합니다.

실제 저희 컨설팅 졸업생인 지율, 찬율 남매 쌍둥이 어머님의 사례를 소개해드릴게요. 지율이와 찬율이는 수면이 매우 힘든 아이들이었어요. 혼자 육아를 하는데, 둘 다 잠연관이 안아서 재우는 것이었습니다. 양육자는 한 명인데 두 팔에 두 아이를 안고 재워야 하는 상황이셨죠.

재우는 데도 시간이 너무 오래 걸렸어요. 안고 흔들어서 지율이를 재우고 나면, 찬율이가 새벽에 깨서 우니, 어머님은 출산 후 한 번도 편하게 잠든 적이 없었습니다.

쌍둥이 부모님들이 수면 교육을 하기 힘든 이유가 바로 이런 상황 때문입니다. 한 아이가 울며 깨면, 다른 아이가 깨버려서 새벽에 전쟁이 일어나죠. 한 아이가 잠이 들면, 다른 아이가 또 울게 되니까요.

쌍둥이를 수면 교육할 때는 단태아를 교육하는 경우보다 조금 더 세세하게 주의를 기울여야 하기에 시간이 조금 더 소요되는 경우가 종종 있습니다. 아이 두 명을 동시에 케어해야 하기 때문에 한 아이 맞춤으로만 진행할 수 없습니다. 실제로 두 아이를 양육할 때 아무리 쌍둥이더라도 기질이나 수면의 예민함, 난이도, 특징이 매우 상이하기 때문이죠. 그래서 쌍둥이 수면 교육을 할 때 제일 중요하게 생각하는 것은 다음과 같습니다.

- 지속적으로 수면 교육을 동의하고 진행할 수 있는 양육자가 몇 명인지?(대부분 조부모나 남편 또는 산후관리사님의 도움을 받기 때문이에요)
- 아이들이 분리해서 수면할 공간이 있는지?
- 실제로 수면에 더 예민한 아이가 누구인지?

이 세 가지를 먼저 파악하고 수면 교육에 들어가는 편입니다. 이 세 가지를 파악하고, 지율과 찬율이 어머님은 다음과 같이 실천하셨어요.

- 양육자는 한 명이라 어머님이 진행하는데 힘이 들 순 있지만 조금 더 일관성 있는 교육이 가능했어요.
- 두 아이를 우선 분리해 교육해서, 한 아이가 깨더라도 다른 아이가 방해받지 않도록 수면 교육이 충분히 가능한 상황을 만들어줬어요.
- 둘 중에 더 수면에 예민한 아이를 상담을 통해 찾아보았어요. 조금 더 수면에 예민한 아이에게 최대한 맞춰서 하루 일과를 운영해줬고, 수면에 덜 예민한 아이는 그 스케줄에 따라갈 수 있도록 조성해줬어요.

결과적으로 지율이나 찬율이는 수면 교육 이후, 눕히면 스스로 자는 것뿐 아니라 새벽수유도 끊고 통잠을 자기 시작했습니다.

혼자서 교육 받은 어머님의 교육 난이도는 더 높고 양육자의 피로도가 가중된 상태였지만, 양육자가 한 명이었던 만큼 더욱 일관성 있게 교육할 수 있었고, 자연스럽게 아이들은 양육자의 리드에 따라왔던 사례였습니다.

아이들이 어느 정도 일관성을 가지고 수면이 수월해지는 순간 방을 합치는 경우가 대부분입니다. 쌍둥이 아이들도 서로의 울음소리에 적응해야 하기 때문이죠. 계속 방을 분리해서 재우고 싶고, 충분히 그럴 수 있지만, 대부분의 경우에는 쌍둥이 수면 교육이 완성되면 합방까지 진행합니다. 합방을 진행하면 부모님들이 많이 긴장하지만, 아이들은 서로 울음소리에 적응하고 숙면을 취합니다. 쌍둥이 수면 교육의 세 가지 핵심 포인트, 꼭 참고해주세요.

쌍둥이 수면 교육 핵심 포인트 3가지

- 양육자가 몇 명인지 확인하기
- 아이들을 분리해서 수면할 수 있는 공간 조성해주기
- 실제로 수면에 더 예민한 아이가 누구인지 파악하기

3장

아기가 태어난 후 알아야 할 수면 교육의 기초

❝

자주 쓰는 수면 교육 용어 설명

❞

육아의 세계에 오신 것을 환영합니다. 육아를 하면서, 엄마들만의 은어와 용어들이 있는데요. 초보 엄마로서 알기 힘든 용어들, 특히 육아 관련 엄마들이 자주 사용하는 용어, 잠과 관련된 용어, 수면 교육에서 자주 쓰는 용어들을 자세히 설명드릴게요.

첫수

아침에 하는 첫 번째 수유의 줄임말입니다. 첫수의 시작점은 먹놀잠이 시작되는 아침으로 생각해주면 좋습니다.

기상시간

전날 밤잠 입면 이후, 10~12시간 정도 자고 일어나서 아침을 시작하는 시간을 기상시간이라고 표현합니다. 첫수의 시작을 알리는 시간대이기도 하고, 아이가 일어나서 먹놀잠을 하고 깨어 있기 시작하는 시점을 의미합니다. 기상시간 이후로는 아이가 자는 공간에서 수유를 하는 것이 아니라, 자는 공간과 다른 거실에서 수유하는 것을 추천드립니다.

막수

밤잠을 자기 전에 하는 마지막 수유의 줄임말입니다. 막수를 하고, 밤잠을 자는 것은 먹놀잠의 일과가 끝나고, 밤잠을 잠들고 나서는 배고플 때만 깨거나, 먹고 바로 자는 경우 밤잠의 시작점이라 하고, 그 밤잠을 시작하기 전에 먹이는 것을 막수라고 표현합니다. 막수는 새벽수유(밤수)에 포함하지 않고, 낮 수유에 포함됩니다.

취침시간

취침시간은 막수 이후로 시작되고, 밤잠 이후로는 아이가 먹고 바로 자는 경우를 밤잠 시작 시간이라고 합니다.

새벽수유

흔히 밤수로도 표현합니다. 새벽수유는 막수와 첫수 사이에 있는 수유를 의미합니다. 보통 새벽수유는 먹놀잠이 필요하지 않으며, 먹고 바로 자는 패턴으로 많이 진행됩니다.

새벽깸

밤잠 입면 이후에 발생되는 깸을 의미합니다.

초반깸

밤잠 입면 이후 1시간 이내에 발생하는 깸을 의미합니다.

종달기상

아침 4~5시대에 일어나서 하루를 시작하는 것을 의미합니다. 밤잠이 10시간 미만인 경우에도 종달기상이라고 표현합니다. 종달기상에는 정말 수십 가지의 다양한 외부 요인과 스케줄 요인들이 존재합니다. 변형해서 '종달새'라고도 표현합니다.

꿈수

아이가 자고 있는데, 밤에 깨워서 하는 수유Dream Feed를 의미합니다. 꿈수를 추천하는 시간대는 밤 10~11시이며(막수부터 2~3시간 이후), 밤 12시를 넘는 것은 추천하지 않습니다. 꿈수를 추천하는 경우는 새벽수유를 2회 진행해서 부모가 새벽에 2회 깨는 것을 방지하기 위해서입니다.

수유텀

수유 간격을 의미합니다. 예를 들어 3시간 수유텀이라면 7, 10, 13, 16, 19시 이런 식의 수유 패턴을 의미합니다. 수유텀은 시작 시간부터 카운트됩니다. 예를 들어, 아침 7시에 수유가 시작되었고 7시 30분에 종료되었다면, 3시간 수유텀으로 10시 30분이 다음 수유 시간이 아니라, 7시에 시작이었으니 그 기준점으로부터 10시 수유가 되어야 합니다.

집중수유

집중수유는 수유텀이 되지 않았는데 낮에 조금 더 집중적으로 먹이기 위해서 진행됩니다. 보통은 2시간 간격으로 진행되며, 막수 전에 진행되는 경우가 대체적으로 많습니다. 예를 들어, 하루 수유가 아침 7시, 10시, 오후 1시, 4시, 7시인 경우, 수유를 총 5회가 아닌 6회로 나누어 7시, 10시, 1시, 3시, 5시, 7시 이런 식으로 한 번 더 껴넣는 것을 의미합니다.

깨어 있는 시간(잠텀)

흔히 '잠텀'으로 표현합니다. 아이가 일어나서 그 다음에 잠드는 텀을 의미합니다. 깨어 있는 시간은 수면 교육에서 매우 중요하며, 아이의 '수면 압력'을 결정하는 하나의 요인입니다. 수면 압력이란, 아이가 졸려하는 정도를 압력으로 표현한다고 생각하면 이해가 쉽습니다. 아이가 적절하게 졸려하는 잠텀에 맞춰서 눕히고, 수면 교육을 하는 것도 슬립베러베이비 수면 교육의 핵심입니다.

총 낮잠시간

낮잠 연장 시도를 포함한 낮잠 시간을 의미합니다. 하루 총 낮잠시간은 개월별 최대 낮잠시간을 넘기지 않는 것을 권장합니다. 수면 교육 실전 파트에서 각 개월 수의 최대 낮잠시간을 알려드리겠습니다.

수면의식

아이가 잠을 자기 전에 하는 의식입니다. 이 의식은 항상 동일하게 진행해주는 것을 추천드리며, 수면 교육을 하고 싶지 않더라도 아이가 잠이 온다는 것을 정확하게 파악할 수 있는 매우 중요한 의사소통 수단입니다. 수면의식의 정확한 예시는 5장을 참고해주세요. '슬립베러베이비 무료 자료 나눔' pdf 파일에서도 확인할 수 있습니다(QR코드 참고).

슬립베러베이비 무료 자료 나눔 링크

토끼잠

20분 미만의 낮잠을 의미합니다. 정상적인 낮잠은 20분~2시간 사이의 낮잠을 의미하며, 20분 미만으로 자면 토끼잠으로 표현합니다. 토끼잠은 아이의 스케줄이 맞지 않거나 과피로한 상태에서 눕힌 경우, 혹은 덜 피곤한 상태에서 눕힌 경우, 먹놀잠이 잘 되지 않은 경우에 아이에게 스스로 입면하는 방법을 가르쳐주지 않은 경우 나타날 수 있습니다. 20분 전후반으로 자는 것은 5개월 미만 아이들에게 흔히 있는 일이므로, 크게 걱정하지 않아도 괜찮습니다.

낮잠 연장

낮잠의 한 사이클은 30~40분 전후반입니다. 이 낮잠을 스스로 연장하거나 혹은 양육자가 도와줘서 연장하는 것을 낮잠 연장이라고 표현합니다. 보통 낮잠을 40분 이상 자면, 낮잠 연장이 잘 되었다고 생각해도 좋습니다. 낮잠 연장은 하루에 1~2회 하는 것이 정상입니다. 모든 낮잠을 연장해서 자진 않습니다.

낮잠 변환기

낮잠의 평균 횟수가 줄어드는 기간을 의미합니다. 예를 들어 평균적으로 아이가 낮잠 3회를 자는데(보통 4~6개월 사이), 낮잠의 횟수가 2회(7~8개월)로 줄어드는 시기를 낮잠 변환기로 표현합니다.

원더윅스

아이가 커가면서 24개월까지 중간중간 오는 시기를 의미합니다. 원더윅스는 1971년 탄자니아에서 연구가 시작되었는데, 대부분 아이들이 비슷한 시기에 평소보다 훨씬 잘 울고, 짜증이 많아지고, 칭얼거린다는 것을 발견했습니다. 원더윅스는 출산예정일 기준으로 계산되며, 최대 1주일 전후반으로 지속됩니다. 원더윅스는 아이가 뇌에서 급작스러운 성장을 감지하고, 심리적, 정신적 발달이 이뤄질 때를 말합니다. 《Wonder Weeks》의 저자 헤티 판 더 레이트Hetty van de Rijt, 프란스 X. 프로에이Frans X. Plooij에 의하면, 원더윅스는 분만예정일 기준으로 4주차, 7주차, 11주차, 14주차, 22주차, 33주차, 41주차, 50주차에 주기적으로 찾아옵니다.

급성장기

급성장기와 원더윅스는 다른 정의입니다. 원더윅스는 정신적 발달이었다면, 급성장기는 신체적 발달기입니다. 아이의 뼈와 지방이 증가하며, 키와 몸무게의 변화가 있는 구간을 의미합니다. 식욕이 증진되기도, 감소하기도 하고, 칭얼거리는 시기가 증가할 수도 있습니다. 이앓이도 급성장 구간에 포함됩니다. 미국 WIC 모유수유 서포트 기관에 따르면, 급성장 구간은 생후 1년에 자주 오며, 더 자주 수유를 원할 수 있다고 말합니다. 보통 생후 2~3주차, 6주차, 3개월차, 6개월차 이렇게 급성장 구간이 오며, 모든 아이의 급성장 구간은 다르며, 지속은 수일 이내라고 말합니다.

수면퇴행

아이가 정신적으로, 육체적으로 커가는 과정에서 수면에 영향을 미치는 구간을 수면퇴행이라고 표현합니다. 4개월 수면퇴행(3~5개월), 7~9개월 수면퇴행, 18개월 재접근기로 알려져 있습니다. 이 시기에는 잠에 영향을 크게 미치고, 그동안 잘 자던 낮잠도 잠들기 힘들어 하거나 새벽깸이 더 잦아질 수 있습니다. 구간마다 다르지만 평균 2~4주 이내로 지나가는 경우가 많습니다.

젖물잠

젖을 물고 자는 아이를 '젖물잠한다'고 표현합니다. 먹놀잠이 제대로 되지 않는 경우라, 젖을 물고 잠이 드는 아이는 수면 교육을 하거나 수면 습관을 올바르게 잡아주기 위해 교정이 필요합니다.

잠연관

잠이 들기 위한 준비물이라고 생각하면 됩니다. '우리 아이는 젖을 물고 자요.' 한다면 잠연관은 수유, 젖이고, '우리 아이는 꼭 안겨서만 자야 해요.'라면 안아주는 것이 잠연관입니다. 수면 교육은 아이가 가지고 있는 부정적인 잠연관을 서서히 끊어주며, 아이가 온전히 스스로 잘 수 있는 독립적인 수면을 연습하는 과정이라고 생각하면 됩니다. 하지만 잠연관 중에 긍정적인 잠연관이 몇 가지 있는데, 예를 들어 수면의식이나 백색소음, 어두움이 예시입니다. 이런 긍정적인 잠연관은 오히려 수면에 도움을 주기 때문에, 억지로 끊지 않아도 괜찮습니다.

마녀 시간

마녀 시간은 보통 늦은 오후, 밤잠 자기 전을 마녀 시간이라고 표현합니다. 마녀 시간은 개월 수가 어리면 어릴수록 더 칭얼거리고 힘들어합니다. 마녀 시간 관련해서 많은 연구가 이뤄졌지만, 콕 집어서 어떤 이유 때문이라고 밝혀지지는 않았습니다. 하지만 하루 일과 동안 피곤도가 쌓인 것으로 알려져 있습니다. 마녀 시간 때는 조금 더 자주 칭얼거리고, 잠들기 힘들어해서 마지막 낮잠 자는 것도 힘들어 할 수 있으며, 더 먹고 싶어 할 수도 있습니다. 아이에 맞춰서 진행해주면 좋습니다. 더 자세한 마녀 시간 정보는 136쪽에서 확인해주세요.

안전한 수면 환경 갖추기

수면 교육을 위한 수면 환경 조성에는 '빛 차단, 소음 차단, 부모님과 아기의 수면 공간 구분'이 중요합니다. 영아돌연사증후군을 예방하기 위해 부모로서 해줄 수 있는 최대한의 노력은 안전한 수면 환경을 조성해주는 것입니다. 안전한 수면 환경 조성 방법을 알려드리겠습니다.

아기 원목 침대

아기 원목 침대는 2~3세까지도 사용합니다. 안전하고 튼튼하며, 아이에게도 동일한 침대를 오랫동안 사용하니 안정감을 줍니다. 다음 사진은 저희 아이 키가 100cm에 가까웠던 28개월까지 사용했던 침대입니다.

어른에게는 어른 침대, 아기에게는 아기 침대가 필요합니다.

간혹 "저희 아이는 호기심이 많아요. 많이 움직이면서 자기 때문에 아기 침대가 많이 좁아 보여요. 저희 부부 침대에서는 잘 자는데 침대가 문제인 것 같아요." 등의 침대에 대한 고민을 많이 상담하십니다.

좁은 침대에서 아기가 불편해 할 거라는 생각은 보고 있는 엄마의 걱정과 불편함입니다. 누워 있는 걸 힘들어하고 못 자는 게 침대 때문이라고 생각할 수 있지만, 침대는 잘못이 없습니다. 잘못된 수면습관이 자리잡아 아기 침대에 누워 자는 것이 너무 싫은 거랍니다.

부모님 침대에 누워 자면 못자는 아이들도 잘 자는 경우가 있습니다. 이런 경우는 부모 냄새가 강하게 배어 있어서, 혹은 매트리스 자체가 매우 푹신해서, 옆에서 재웠거나 함께 잔 적이 있어서, 아이가 편안함을 느꼈던 이전의 경험을 통한 영향이 훨씬 커 보입니다. 즉 아기 침대가 불편해서가 아닙니다.

많은 분들이 침대를 1년에 2~3회 바꾸곤 합니다. 처음에는 원목 침대로 시작하고, 뒤집기가 시작되면 '불편해 보여서' '부딪힐까봐' '좁아 보여서' 등등 다양한 이유로 3~4개월에 범퍼침대, 혹은 어린이 침대로 바꿔줍니다. 아직 아기인데 어린이 침대를 사용하면 수면이 힘들어질 가능성이 커집니다.

그다음 낮은 가드 높이의 범퍼 침대를 쓰는 분들은 8~9개월 정도 되면 활동량이 넘치는 아이들이 기어 나오기 시작합니다. 그래서 방문과 침대의 가드를 열어줍니다. 그러다보니 '자기 조절력'이 미숙한 아이에게 '그래 나오면, 잠을 잘 필요 없어'라는 환경이 펼쳐집니다.

마치 자기 조절력이 없는 아이에게 TV 리모컨을 쥐어주며 '네가 한번 스스로 시청 시간을 제한해봐.' 또는 과자를 수십 개 쥐어주고 언제든지 꺼내먹을 수 있는 환경을 조성하는 것과 마찬가지죠.

아이가 자기 조절력이 생기고, 자는 시간에는 침대에 있어야 한다는 개념이 생기는 2.5~3세 이후에나 가드가 없는 어린이 침대로 바꿔주는 것이 적합합니다.

아이가 실제 사용하고 있는 침대 예시

저는 신생아 때 베시넷(아기 요람)을 사용했으며, 뒤집기를 시작한 시점인 3개월부터는 원목 아기 침대를 28개월인 지금까지도 사용하고 있습니다. 활동적인 남자 아이라 9개월에 일찍 걷기 시작했고, 현재 97cm로 또래에 비해 큰 편이나 아기 침대의 불편함을 전혀 못 느끼고 있습니다. 침대를 바꿔주는 것은 아이가 수면 교육을 적응하는 것만큼 아이에게는 큰일입니다.

한국에서는 아기 침대가 신생아가 쓰는 침대라는 인식이 있습니다. 그래서 보통 아기가 뒤집기를 시작하는 3~4개월부터는 유아기 혹은 더 큰 아이들이 쓰는 사이즈의 침대로 미리 바꿔주는 경우가 많습니다. 보편적으로 쓰는 범퍼침대나 싱글침대가 나쁜 건 아닙니다. 하지만 아기는 안전한 아기용 침대가 필요합니다.

큰 침대는 아이가 몸을 더 자유롭게 쓸 수 있으나 아이의 작은 신체에 큰 공간이 전혀 도움이 안 됩니다. 수면에는 아이가 안정감을 느낄 정도인 '원목 침대' 사이즈가 적당하며, 가드 높이는 적어도 80cm는 되어야 합니다. 다음 내용을 꼭 기억해주세요.

- 아기 침대는 가드가 높은 것을 선택합니다.
- 한 번 사서 오래 쓸 수 있도록 침대 매트리스의 높낮이가 조절되는 제품을 강력하게 추천드립니다. 개인적으로 아이가 태어나고 제일 위에 있는 높이로 사용해서 저의 허리를 보호했고, 아이가 앉기 시작하고 서기 시작하면서 제일 아랫단계로 높이를 조절해서 두 살이 훨씬 넘은 지금도 지속적으로 사용하고 있습니다.

백색소음기

아이 수면에 도움되는 백색소음은 많은 이점이 있습니다. 백색소음이란, 아이들이 자궁 속에서 들었던 소리로, 백색소음을 통해 알파파가 분비되어 아이에게 진정 반사Calming Reflex를 자극시킵니다.

청각적인 효과인 백색소음은 반복적인 수면의식의 일부분으로 자야 하는 시간임을 알려주고, 아이가 울음을 진정하는 데도 효과적입니다. 또한 주변 소음을 차단하는 주파수와도 일치해서, 소음에 예민한 아이가 수면에 집중할 수 있는 역할도 해주어서 아이 수면에 매우 도움이 됩니다.

아이의 수면이 중요한 만큼 우리 아이의 청력을 위해 안전하게 사용해야 합니다. 백색소음의 안전한 사용법에 대해 설명드리겠습니다.

미국 소아과협회 AAPAmerican Academy of Pediatrics 가이드라인에 따르면 백색소음의 안전한 사용을 위해서는 최대 음량 데시벨과 백색소음과 아이 사이의 간격 등이 중요합니다.

실제로 연구 결과에서 85데시벨의 소음을 8시간 노출시켰을 때, 청각발달에 손상을 줄 수 있을 위험성이 있다고 권고합니다. 하지만 실제로 청각 발달과 손실에 대한 직접적인 연구 결과는 없으나, 위험 가능성에 대해 권고하고 있으므로 안전한 사용을 위해 다음 지침을 지켜주세요.

첫째, 백색소음기와 아이의 간격을 최소 2미터로 유지해주세요.

둘째, 백색소음 음량이 50데시벨을 넘어가지 않도록 해주세요. 혹여나 진정되지 않아 만약 백색소음 볼륨을 일시적으로 높여주더라도, 잠이 들면 다시 원래 볼륨으로 내려주세요. 50데시벨은 성인 두 명이 적당하게 대화하는 데시벨입니다. 데시벨 측정이 어렵다면 핸드폰에 무료 데시벨 어플을 이용해 체크하는 것도 좋습니다.

셋째, 백색소음기가 아이 손에 닿을 수 있는 거리에 있어 혹시나 위험한 상황이 유발되지 않아야 합니다.

넷째, 휴대폰, 태블릿 공기계로 백색소음을 사용하기보다는 백색소음 기계 사용을 추천드립니다. 공기계에서 나오는 전자파 때문입니다.

만약에 우리 아이가 선천적으로 청력에 문제가 있다거나, 백색소음 사용이 많이 불편한 경우에는 백색소음을 사용하지 않아도 좋습니다. 꼭 백색소음을 사용해야만 수면 교육이 되는 것은 아니므로, 백색소음 사용의 이점을 숙지하시고 판단 하에 적절하게 사용 여부를 결정해주세요.

슬립베러베이비가 추천하는 백색소음 끊는 시기는 12~18개월 사이며 이보다 빨리 끊어도 괜찮습니다. 실제로 불면증이 있거나 예민한 어른들은 어른이 된 이후에도 사용합니다.

생활소음에 노출되어 수면하는 것은 낮과 밤을 구분하지 못하는 신생아 시기에 적합합니다. 생활소음이나 큰 소음 등에 노출되어 수면한다면, 스스로 잘 자는 어른들도 자기 어렵습니다.

옛날에 우리가 크던 시절, 부모님께서 어둡고 조용한 수면을 만들어주셨을까요? 아닌 부모님도 많으시겠죠. 하지만 지금 주위를 둘러보면 모두 예민하지 않은 사람들만 존재하나요? 전혀 그렇지 않습니다.

스스로 못자는 아이들이 스스로 잠들기를 배워야 하는 상황에 소음이 있다면, 감각이 깨어 있는 어린 아이들이 스스로 자기란 훨씬 어렵습니다. 그렇다고 정말 무의 상태로 소음 없이 자는 것도 불가능합니다. 아이가 자고 있는 방 밖에는 "아이가 자고 있으니 조용히 해야지!" 하더라도 스스로 제어할 수 없는 생활공간 밖의 소음은 늘 계속해서 만들어집니다.

아이가 소음에 예민한 편이라면, 이 기질을 바꾸려고 더 소음을 들려주는 것이 아니라, 아이를 존중하는 의미로 소음을 어느 정도 차단해주면서 숙면을 유도해주는 방향이 더 맞습니다. 무작정 아이를 '덜 예민한 아이'로 키우려고, 수면이 힘든 아이를 더욱 시끄러운 환경에서 재우진 말아주세요.

백색소음을 사용해서 생활소음을 차단해주세요. 백색소음은 앞으로 우리 아이를 위한 하나의 수면의식이 될 것입니다. 방 안에 들어가 백색소음을 틀면 '어? 분명 자는 시간에 들리는 소리인데.' 하고 아이가 인지하기 시작합니다.

그밖에도 수면공간 밖에서 나는 여러 가지 생활소음을 차단해줄 수 있으며, 아이가 울음을 어느 정도 진정하는 데도 도움이 될 수 있습니다. 백색소음의 안전한 사용 가이드라인을 참고하시기 바랍니다.

스와들, 보낭형 슬립핑백

스와들은 수면 전문가인 제가 단언컨대 3개월 미만의 아이들을 수면 교육 할 때 꼭 추천드리는 아이템 중 하나입니다. 신생아 때부터 사용 가능하며, 뒤집기 전까지 사용하는 것을 추천드립니다.

보통 부모님들은 스와들을 사용하면 아이가 답답해하는 것 같고, 오히려 이것 때문에 못 자는 것 같다고 이야기합니다. 스와들은 모로반사 때문에 사용하는데, 모로반사는 신생아 아이에게 꼭 존재하며, 대부분 3~6개월 사이에 소실됩니다. 신생아가 모로반사가 없는 경우에는 전문가와 상의해보시길 바랍니다.

만약 우리 아이가 2개월 반인데, 뒤집기를 시작하려고 한다면 스와들 졸업을 추천드립니다. 미국 소아과협회에 의하면, 스와들을 한 상태에서(팔이 막혀 있는 상태에서) 뒤집힌다면 질식 위험성이 증가하기 때문입니다.

스와들 졸업은 천천히 해주세요. 한 번에 확 빼버린다면, 모로반사 때문에 적응 기간 부족으로 잠에 영향을 많이 끼칠 수 있기 때문입니다. 제가 추천하는 방법은 뒤집기를 하기 전이라면, 한 팔(손가락을 잘 빠는, 혹은 주먹 고기를 잘 먹는 쪽, 예를 들어 왼쪽)을 빼주고 왼쪽 팔만 뺀 상태에서 일주일 낮잠, 밤잠을 재워주세요. 아이에게도 왼쪽 손을 휘적이며, 왼쪽 팔 근육이 모로반사가 없도록 자연스럽게 적응하는 기간을 가질 수 있도록 시간을 줍니다.

아이가 일주일 동안 적응하고, 수면이 괜찮다면 양팔을 빼주는 것을 추천드립니다. 왼쪽, 오른쪽 매일 번갈아서 진행하는 것이 아니라, 한쪽 팔만 일주일 동안 지속적으로 적응할 수 있도록 해주세요. 빼는 과정에서 아이의 잠이 조금 흔들릴 수도 있지만, 안전을 위해 꼭 필요한 과정입니다.

수면 조끼는 발이 막힌 보낭형 슬립핑백을 추천드립니다. 아이가 두 살까지 사이즈만 맞다면 최대한 사용을 추천드리며, '입는 이불'이라고 생각하면 됩니다.

"꼭 다리가 막혀 있어야 하나요?"라고 많이 질문하시는데, 막혀 있는 제품으로 추천드립니다.

첫 번째 이유는 보온성, 배앓이 방지 때문입니다. 수면 조끼가 발이 뚫려 있다면, 돌돌 말려 올라가서 얼굴을 덮을 가능성도 배제할 수 없습니다. 또한 돌돌 말려서 올라간다면 보온도 제대로 되지 않기 때문에 발이 막혀 있는 제품을 추천드립니다.

두 번째로는 침대 가드를 넘어오지 못하는 효과가 있습니다. 빠르면 8~9개월부터 가드가 낮으면 아이들은 한 다리를 올려 가드를 넘어보려는 시도를 합니다. 아이가 스스로 침대에서 빠져나오는 것은 적어도 만 2.5~3세까지는 불가능해야 합니다.

빛 조절 해주기

엄마 자궁 속에서 열 달 동안 지내다 태어난 신생아는 낮 시간과 밤 시간을 구분하지 못합니다. 생후 0~1개월까지는 낮 시간에 밝게, 밤 시간에 어두운 환경을 제공해 낮 시간에는 활동하고, 밤 시간에는 자야 하는 시간임을 인지시켜주며 생체리듬이 아직 발달되지 않은 아이에게 낮과 밤을 구분할 수 있게 도와줄 수 있습니다.

생체리듬은 3개월 이전까지는 발달하지 않습니다. 평균적으로 생후 6주부터는 낮과 밤을 구분하기 시작하는데, 구분을 시작하면 낮에도 밤에도 빛을 완전 차단해 수면 환경을 어둡게 유지해주는 게 좋습니다.

밤, 낮 구분을 위해 밝게 재워야 하는 경우는 신생아 때, 밤낮 구분이 되지 않는 아이들에게 추천드립니다. 생후 6주 전후반까지는 낮에는 밝고 어느 정도 생활소음이 들리도록 재우고, 밤에는 어둡고 조용하게 재우는 것이 좋습니다.

아이가 밤낮 구분이 가능해진 생후 6주 이후부터는 낮잠도 어둡고 조용하게, 밤잠도 어둡고 조용하게 재우되, 낮에 활동하고 놀이 때는 햇빛을 가득 볼 수 있는 환경을 조성해주세요. 수면호르몬은 어두울 때 분비되기 때문에, 암막 커튼이나 암막 시트지는 아이 숙면에 매우 도움이 됩니다. 수면 환경에서 완전히 빛을 차단해 어둡게 유지해주면 몇 가지 이점이 있습니다.

아이들은 수면 환경에서 뭔가 눈에 잘 보이면 집중해서 자는 것이 훨씬 힘들어집니다. 따라서 방 안의 그림자, 장난감, 초점책, 모빌, 빛 등이 보이면 훨씬 잠들기 어렵습니다.

'멜라토닌'이라는 수면호르몬은 어두운 환경에서 분비됩니다. 멜라토닌 분비는 조금 더 깊고 긴 잠에 도움이 된답니다. 아이가 빛이 완전히 차단된 곳에서 낮잠과 밤잠을 잘 수 있도록 해주세요. 단, 언급드렸던 것처럼 신생아 시기에는 낮과 밤 구분을 통해 생체리듬을 만들어주는 것이 중요하기 때문에 낮에는 밝게, 밤에는 어둡게 재우는 것을 추천드립니다.

어둡게 해주는 것만으로도 수면 신호가 될 수 있습니다. 아이가 잘 잘 수 있는데다가 자기 전에 어둡게 만들어준다면 '이제 자는 시간이구나!'라는 시각적 효과로, 아이가 낮잠, 밤잠 시간임을 예측할 수 있는 것 자체가 아이를 편안하게 해줍니다. 아이는 늘 예측 가능한 것을 편안해하니까요.

개개인이 가진 수면 사이클은 모두 다릅니다. 아주 깊은 잠을 자기도 혹은 얕은 잠을 자기도 하며 수면과 각성을 반복합니다. 한참 수면하고 있는 밤 시간에 빛에 노출되면 수면주기 사이의 전환을 방해하여 수면의 질을 떨어뜨릴 수 있습니다.

수면 시에 빛을 완전히 차단하는 것이 수면에 도움이 된다는 연구 결과를 소개합니다. 〈미국국립과학원회보PNAS, Proceedings of the National Academy of Sciences〉에서 말하길, 20대 건강한 사람들을 두 그룹으로 나눠, 이틀 동안 A그룹은 하루는 어둡게, 하루는 수면 등이 켜진 공간에서 수면하고, B그룹은 이틀 내 어둡게 수면한 결과, 밝은 실내조명에 노출된 사람들은 심박수가 더 높아지고 다음날 아침 인슐린 저항성이 증가했습니다.

방에 약간의 빛만 있어도 수면 시 심장에 해를 끼치고, 혈중 인슐린 수치가 높아질 수 있어, 수면 중 빛 노출을 피하거나 최소화하는 것의 중요성을 강조합니다. 침대 옆 램프를 켜고 잠을 자거나 침실에 불을 켜두거나 텔레비전을 켜두는 등, 야간 조명 노출이 대사성 심장질환을 포함하여 건강에 좋지 않은 결과를 초래할 수 있는 위험 요소임을 밝혔습니다.

실제로 컨설팅을 진행하면서도 "우리 아이가 혹시나 어두운 곳에서만 자서 밖에서는 못 잘까봐 걱정이에요. 예민해지면 어쩌죠?" 하는 메시지를 받습니다.

부모님들은 대부분 아이가 어디에서나 잠투정 없이 잘 잤으면 하는 마음입니다. 그런데 편안하게 휴식을 취해야 하는 집에서조차 '밖에서 못 자면 어쩌지' 하는 부모의 노심초사로 일부러 아이를 밝은 환경에서 재우는 것은 맞지 않습니다. 수천 명의 아이들을 만나면서 알게 된 사실은 다음과 같습니다.

환경 변화나 빛에 예민하지 않은 아이들은 밝은 환경인 밖에서도 잘 잡니다. 하지만 빛이나 소음, 환경 변화에 예민한 아이들은 외출했을 때 잘 못 자는 경우가 있었습니다. 개인적으로 저희 아이도 집에서는 100퍼센트 암막 환경에서 자는데도, 어린이집이나 카시트에서도 잠을 잘 잤습니다. 정리하면 집에서는 빛이 완전히 차단된 환경에서 아이를 재우는 것이 좋습니다.

아이방 카메라

"같은 방에서 자는데, 카메라가 꼭 필요한가요?"라고 질문을 많이 받는데, 저는 꼭 필요하다고 생각합니다. 아이의 호흡이나 심장박동수를 모니터하는 값비싼 카메라까지는 필요 없습니다(미국 소아과협회에서도 안전 때문에 사용하지 말라고 권고합니다). 하지만 아이가 낮잠이나 밤잠을 자고 있을 때 항상 같은 방에 있는 것은 아니기 때문에 아이가 내가 없는 방 안에서 안전한 상황인지 확인하기 위해 아이방 카메라는 필수라고 생각합니다. 새벽에도 우리 아이가 정말 깬 건지, 그냥 눈을 감은 채 끙끙거리는지 확인할 때 매우 유용합니다.

침대 분리하기

부모님과의 침대 공유는 영아 돌연사에서 언급한 것처럼 위험해서 전문가로서 추천드리지 않습니다. 그렇다고 방 분리를 하라는 의미는 절대 아닙니다(분리수면). 많은 부모님이 수면 교육을 하려면 전제조건이 분리수면이라고 생각하는데 전혀 그렇지 않습니다.

위에 언급했듯이 안전한 수면 환경 조성 방법에 12개월 전까지는 같은 방 다른 침대를 쓰라는 가이드라인이 있었지요? 부모님과 아기의 침대만 분리해주세요. 같은 방 안에서 수면하는 공간만 분리하는 것입니다. 아기 침대를 부모님의 침대 바로 옆에 두세요. 아이의 월령이 어릴수록 더 자주 살펴봐야 합니다.

4개월 이후에는 침대를 동일하게 같은 방에 두되, 부모님의 침대와 아기 침대가 어느 정도는 떨어질 수 있도록 배치해주세요. 바로 옆에 붙어 있던 침대를 떨어트려 주는 게 의미 있습니다. 부모님이 수면하는 동안에도 발생하는 뒤척임과 코골이 같은 소음이 아이에게 방해가 될 수 있고, 아이가 자신의 수면공간인 아기 침대에서 자는 것이 편안해진다면 굳이 침대를 바로 옆에 두지 않아도 아이 수면에는 변화가 없을 것입니다.

침구류 사용

귀여운 아기 이불, 베개 등 신생아 아이들의 수면 환경을 준비하는 데 필수품인 경우들이 많죠? 언급한 베개는 24개월까지 질식 위험 때문에 수면 시 사용하지 않는 것을 권고합니다. 이불 또한 12개월 미만인 아이들에게 사용하는 것은 질식 위험 때문에 추천하지 않습니다. 옆으로 재우거나 아이 몸을 고정시키는 제품들 또한 미국 소아과협회에서 추천하지 않는 제품들입니다. 엎드렸을 때, 혹시나 코를 박고 숨을 쉬기 힘든 상황이 벌어질 수 있기 때문입니다. 미국 소아과협회뿐만 아니라 대한소아청소년과학회에서도 '영아돌연사증후군 예방법'이라는 육아 정보 칼럼에서 다음과 같이 안내하고 있습니다.

"영아돌연사증후군의 위험을 줄이기 위해 제품을 구입할 때는 주의가 필요합니다. 영아돌연사증후군과 관련하여 수면 포지셔너Sleep Positioners 나 특수 매트리스 사용이 영아돌연사증후군의 위험을 줄이지 못하는 것으로 보고되고 있습니다. **수면 중 영아의 자세를 고정하기 위해 개발된 이러한 장치들뿐 아니라 베개 모양으로 아이 양쪽에 고정하는 베개 받침**bolsters**의 사용 또한 주의가 필요합니다.** 미국에서 이러한 도구로 인해 사망한 사례들이 보고되고 있기 때문에 식품의약국에서는 수면과 관련한 도구들을 사용하지 말 것을 강조했습니다."

아기의 안전을 위해 위 내용을 꼭 참고해주세요.

인형

애착 인형을 귀엽게 껴안고 자는 우리 아기를 상상하는 부모님들 많으시죠. 출산선물이나 신생아 육아템으로 손꼽히는 제품입니다. 저도 임신했을 때 친구에게 애착인형을 선물 받았는데요. 하지만 안타깝게도 미국 소아과협회에서는 12개월 이후에 사용할 것을 권고합니다. 침대에는 어떠한 '푹신한 제품'도 엄격하게 금지하고 있습니다.

방 안 온·습도

온도가 높으면 영아 돌연사 확률이 증가된다는 사실, 알고 계셨나요? 국립수면재단National Sleep Foundation에서 말하는 아기방 수면에 적절한 온도는 20~22도 사이입니다. 약간 서늘한 온도죠. 추위를 잘 타는 제가 느끼기엔 조금 서늘한 온도입니다. 하지만 22도 이상이 되면, 아이에게는 꽤 더운 온도라고 하는데, 올라가면 올라갈수록 영아 돌연사 확률이 높아져서 미국 소아과협회에서도 22도 이하의 온도를 권고하고 있습니다.

온도 조절만큼 아기의 옷차림도 중요합니다. 저는 간단하게 부모님께서 반팔 반바지에 얇은 이불을 덮고 주무시는 온도라면, 아기도 반팔 반바지에 얇은 보낭형 슬립핑백 착용을 권합니다.

그리고 아이는 손과 발이 보통 차가운 편입니다. 몸의 중심부에서 끝부분이어서 더 차가울 수 있어요. 손과 발로 온도를 파악하기보다는 아기의 중심부를 체크해주는 편이 좋습니다. 목, 가슴, 등의 온도를 확인해주시고, 혹시 땀이 나 있다면 아이에게 너무 더운 것이고, 차가운 편이라면 아이에게 너무 추운 것으로 이해하면 되세요.

쪽쪽이 사용하기

많은 부모님이 쪽쪽이 사용에 대해 걱정합니다. 아이가 쪽쪽이를 잘 빨지 않는다면, 아이를 달래는 과정에서 잘 달래지지 않으니, 어려움을 겪는 분들도 많으세요. 하지만 아이가 쪽쪽이를 좋아하고 잘 빠는 경우, 혹시나 치열에 문제가 생기지는 않을지, 쪽쪽이에 대한 집착이 늘어나서 셔틀이 심하진 않을지, 나중에 끊을 때 힘들진 않을지 등 사용하면서도 불편한 양가감정을 갖고 있습니다.

개인적으로 신생아 수면 관련해서도 쪽쪽이 사용을 추천하는 편입니다. 쪽쪽이는 아이의 빨기 욕구를 충족시키고, 옥시토신이라는 행복 호르몬을 분비시키며, 아이에게 만족감과 안정감을 줄 수 있습니다.

미국 소아과협회에 따르면, 생후 1개월 이후부터 아이가 잘 때 쪽쪽이를 사용하는 경우, 영아돌연사증후군의 확률을 줄일 수 있습니다. 아이가 쪽쪽이를 오랫동안 사용할 때 나타나는 단점들(치아 배열 문제, 중이염 등)은 주로 네 살 이후부터 나타납니다. 하지만 미국 가정의학과협회와 미국 소아과협회에서는 중이염을 예방하기 위해 생후 6~12개월 사이에는 끊기를 권고하는 편입니다.

쪽쪽이는 아이가 태어나고 적어도 2~3주 후에 사용을 권합니다. 모유수유를 하는 경우, 특히 유두와 혼동이 있을 수 있기 때문에 아이와 엄마 둘 다에게 수유가 안정된 이후에 쪽쪽이 사용을 추천드립니다.

쪽쪽이는 아이가 외출할 때, 자기 전, 놀이 때 사용해도 괜찮습니다. 간혹 수면 교육을 하면서도 쪽쪽이를 집착하는 경우가 있지만 1주일 만에 대부분 쉽게 끊기니 크게 걱정하지 않아도 됩니다.

하지만 아이 건강에도 좋고 심리적 안정감도 주는 쪽쪽이를 수면 교육을 하기 위해서 무분별하게 끊거나 치열이라든지 중이염 때문에 어릴 때 무리해서 끊지 않았으면 합니다.

개인적으로 아이가 쪽쪽이에 집착이 심한 경우에는 '잠연관(잠 준비물)'인 쪽쪽이를 끊는 방법으로 안내드립니다. 잠연관인 쪽쪽이를 끊더라도, 충분히 일상생활이나 추후에도 잠들 때 사용할 수 있으니 쪽쪽이를 사용하면서 아이를 재우는 것에 두려워하지 않아도 됩니다. 너무나 많은 부모님이 수면 교육을 하면 무조건 쪽쪽이를 끊어야 한다는 죄책감을 가진 상태로 사용하고 있어서요.

지금까지 아이를 위한 안전한 수면 환경에 대해 살펴봤습니다. 안전한 수면 환경은 아이가 태어나는 시점부터는 갖춰야 할 기본 중에 기본입니다. '아이가 잘 잘 수 있는 수면 환경'을 꼭 숙지하고 주변 환경을 체크해주세요.

아직은 수면이 어려운 아이들을 위해서 안전한 수면 환경에서 질 좋은 수면을 취할 수 있도록 환경을 잘 갖추는 것이 수면 교육의 시작입니다. 스스로 자지 못하고 온갖 소음과 빛으로 가득 찬 갖춰지지 않은 환경에서 수면 교육을 하는 것보다는 안전하고 위생적인 수면을 할 수 있도록 잘 갖춰진 환경에서 교육을 진행하는 것이 훨씬 수월하겠죠. 안전한 수면 교육을 다시 한 번 강조드립니다.

기본적인 위생 관리 갖추기

목욕

신생아에게 매일 목욕을 추천합니다. 간호학적으로 보았을 때, 목욕은 아기의 신진대사를 촉진하고 노폐물을 제거하는 목적을 가지고 있습니다. 아이의 피부나 몸을 체크하는 중요한 시간이기도 합니다. 목욕은 5~10분 내외를 추천드립니다. 하지만 부모님마다 속도는 상이할 수 있으니 참고해주세요. 수면 교육에서도 밤잠 수면의식으로 목욕을 매우 추천하는데, 이유를 몇 가지 소개드리겠습니다.

첫 번째, 아이에게 수면 위생에 대해서 알려줄 수 있습니다. 수면 위생이란 자기 전에 시행하는 위생적인 행위인데, 예를 들어 어른의 수면 위생으로는 수면 전 양치, 샤워, 세수를 하고, 잠옷으로 갈아입는 것입니다. 아이에게도 마찬가지입니다. 분유나 모유, 게운 것, 피부가 접히는 겨드랑이, 목 아래 등을 닦을 수 있으며, 대변과 소변, 하루 종일 찬 기저귀 부분을 닦아주는 등 아이에게 잠들기 전에 청결한 상태를 유지해야 한다는 '수면 위생' 개념을 알려줄 수 있습니다.

두 번째, 엄마와 스킨 투 스킨skin to skin, 피부와 피부가 맞닿는 행동을 통해 아이에게 행복감과 안정감을 줄 수 있습니다. 잠들기 전에 안정감을 주는 것도 하나의 루틴으로 자리잡을 수 있습니다.

세 번째, 낮잠 수면의식과 밤잠 수면의식에 차별점도 어느 정도 필요합니다. 목욕은 밤잠을 자기 전에 하는 행위라는 것을 아이에게 알려주기에 매우 적합합니다. 목욕은 하루에도 몇 번씩 하는 것이 아니기 때문에 아이에게 밤잠을 자기 전에 '잠이 오는 거야'를 알려주기에 매우 적합합니다.

하지만 아이 피부가 매우 건조하거나 어떠한 상황으로 인해 매일 하는 아기 목욕이 부담스러울 수 있습니다. 그런 경우에 매우 유용한 꿀팁을 알려드릴게요.

격일로 목욕하는 경우라면, 목욕을 하지 않는 날에는 물을 채우지 않은 빈 욕조통에 옷을 입힌 채 아이를 앉히고, 따뜻한 물에 적신 손수건으로 피부가 접힌 부분을 부드럽게 닦아주는 것으로 목욕을 대체해주셔도 괜찮습니다. 하지만 항상 동일한 순서로 반복하는 것이 중요하며, 매일 똑같은 시간에 목욕을 반복할 필요는 없지만 비슷한 시간대에 해주는 것을 권합니다. 아기의 태지나 두피 각질은 시간이 지나면 자연스럽게 벗겨지거나 목욕을 하면서 습기로 인해 자연스럽게 벗겨지므로 억지로 제거하지 않아도 됩니다.

눈곱 관리

눈곱은 억지로 떼려고 하면 예민한 아이의 눈이나 피부에 상처가 생길 수 있습니다. 목욕 시에는 습한 환경이 조성되므로 이때 관리해주면 좋습니다. 만약 목욕 시간이 많이 남은 경우에는 깨끗한 손수건을 물이나 멸균 생리식염수에 적셔서 관리해주세요.

아기 눈을 씻길 때 제일 중요한 것은 눈 바깥쪽에서 안쪽으로 닦아주는 것이 아니라, 눈 안쪽에서 바깥쪽으로 닦아주는 것입니다. 이때 이미 아이 눈을 닦은 손수건의 면적을 다시 사용하면, 감염 위험성이 있으므로 사용한 면적 말고 깨끗한 부분을 사용하는 것이 중요합니다.

코 관리

아기는 코에 이물질이 많을 수 있습니다. 건조할 때는 마른 코딱지가 생겨서 아기가 숨 쉬는 데 불편해 할 수 있습니다. 목욕할 때는 자연스럽게 습기가 가득 찬 공간이 형성되어 마른 코딱지가 부드러워집니다. 이때 마른 면봉이 아닌 젖은 면봉으로 콧구멍 주위를 살짝 닦아주세요.

깊숙하게 들어가지 않아야 하며, 만약 너무 깊숙하게 들어갔다고 판단된다면 소아과 선생님의 도움이나 조언을 받는 것이 좋습니다. 콧물이 나거나 코감기에 걸렸을 때 강한 압력으로 코뻥을 하면 아이 고막에 압력이 가해졌을 수 있으니, 아이에 맞게 압력을 조절해주세요.

배꼽(제대) 관리

사실 해외에서는 알코올 솜으로 배꼽 소독하는 것을 추천하지 않습니다. 담당 소아과 선생님이나 아이 상황에 따라 소독 여부는 다를 수 있으니, 퇴원 전 혹은 산후조리원을 나오기 전에 아이 배꼽 소독에 대해 여쭤보시기 바랍니다.

제대가 탈락하기 전까지는 아이 배꼽은 항상 건조하게 두어야 하고, 기저귀가 배꼽에 걸치지 않도록 반을 접어서 건드리지 않게 해주세요. 만약 분비물이 나온다면 깨끗한 물을 적신 면봉으로 분비물을 흡수해주시고, 최대한 마른 상태를 유지해줘야 합니다(하루에 2~3회 정도 반복합니다.).

혹시 붉은 부분이 있거나 피부가 오돌토돌 부풀어 오르거나 분비물이 있거나 냄새가 나는 경우에는 반드시 소아과 선생님에게 진료를 받으세요.

손톱 관리

아기 손톱은 매우 날카롭고 얇습니다. 저희 아이는 생후 3개월까지 손싸개를 사용했는데요. 손싸개를 벗은 이후에도 아이 손톱은 여전히 날카롭기 때문에 자주 관리해줘야 합니다. 가위나 손톱깎기로 둥글게 잘라주시고, 여전히 날카로울 수 있기 때문에 끝부분을 살짝 갈아주면 좋습니다.

저희 아이도 얼굴에 상처가 많이 났어요. 아이를 키우면서 손톱 때문에 얼굴 피부에 상처가 나는 경우가 종종 있습니다. 특히 5개월 때는 정말 심했답니다. 담당 소아과 선생님께서는 아이들이 특히 이때, '엇 나에게도 귀가? 나에게도 눈이?' 하면서 신체를 탐색하는 시기라 더욱 더 피부에 상처가 많이 난다고 합니다. 크게 걱정하지 않아도 되지만, 염려된다면 손싸개를 사용해주세요.

우는 아이 진정시키는 꿀팁

5S's 방법

스와들을 입자마자 아이가 심하게 자지러진다면, 완벽하게 진정된 상태에서 아이를 침대에 내려놓는 방법을 추천드립니다. 3개월 이하의 아이들을 진정시키는 방법으로 잘 통하는 5S's라는 방법에 대해 소개 드릴게요.

5S's는 우선 5개의 진정시키는 S 방법으로 구성되어 있습니다. 이 방법은 순서대로 하는 것이 매우 중요하며, 1번에서 진정한다면, 굳이 다음 단계로 넘어갈 필요는 없습니다. 보통 3~4번에서 진정되는 편이지만, 진정되지 않는다면 마지막 5번까지 진행해주면 됩니다.

첫 번째 S는 Swaddling(스와들 입히기)입니다. 스와들을 입혀 모로반사를 없애는 것만으로도 아이를 진정시킬 수 있습니다. 스와들을 입혔는데 아이가 불편해 하고 운다면, 두 번째 S로 넘어가주세요.

두 번째 S는 Side/Stomach position입니다. 아이와 눈을 마주치고 요람 자세로 안는 것이 아니라, 아이의 엉덩이와 등이 엄마 배에 닿게 하고, 아이는 바깥쪽을 바라보는 자세입니다. 이 자세에서 달래지지 않는다면, 세 번째 S로 넘어갑니다.

세 번째 S는 Shushing(쉬쉬~ 소리)입니다. 이 쉬~ 소리는 백색소음으로 대체하기보다는 부모가 아이 귀에 대고 쉬~ 소리를 해주는 것을 추천드립니다. 조용하게 하는 것보다는 꽤 큰 데시벨로(65데시벨 전후반) 해야 울음 진정 효과가 있습니다. 쉬~ 소리는 자궁 속에서 아이가 듣던 소리를 모방하는 것이며, 아이의 진정 효과에 탁월합니다. 오히려 매우 조용한 침묵 상태는 아이를 진정시키는 것이 아니라, 더 흥분시킬 수 있기 때문에 쉬~ 소리를 크게 내는 게 좋습니다. 두 번째 S자세를 유지한 채 몇 분 지속했는데도 아이가 진정하지 않는다면, 네 번째 S로 넘어가게 됩니다.

네 번째 S는 Swinging(흔들거리기)입니다. 앞뒤로 흔들거나 조심히 움직이는 상태도 추천드립니다. 이 방법을 만든 소아과 선생님께서는 2번의 자세에서 아이의 얼굴을 아주 미세하게 진동처럼 흔드는 방법을 추천하셨습니다. 흔드는 것은 아이 진정에 탁월한 효과를 보입니다. 만약 흔드는 과정에서 아이가 울음을 그친다면, 아이를 내려놓아도 좋습니다. 하지만 계속 운다면 마지막 다섯 번째 S단계로 넘어가주세요.

다섯 번째 S는 Sucking(빨기)입니다. 쪽쪽이나 깨끗이 씻은 엄마 손가락을 아이 입에 넣어주세요. 보통 빨기 반사를 사용하면 아이의 진정 효과는 탁월합니다. 손가락을 넣는 것은 쪽쪽이를 잘 빨지 않는 아이에게 사용할 수 있으며, 손가락은 깨끗하게 씻고 손톱은 짧게 하고 아이 입천장 가운데를 살짝 자극해주세요. 그러면 빨기 반사가 자극되며, 아이는 빨면서 진정하게 됩니다.

영아 산통과 베이비 마사지

흔히 말하는 영아 산통Infantile colic, 배앓이는 무엇일까요? 보통 신생아 시기부터 4개월 이하의 영아에게만 발생하는 달래지지 않는 울음이 지속적으로 발생하는 것을 의미합니다. 하루에 3시간 이상, 일주일에 3일 이상, 3주 이상 참을 수 없는 발작적인 울음을 보인다면 영아 산통 증상을 의심해볼 수 있습니다. 하루 중 언제라도 발생할 수 있지만, 보통 오후에서 저녁시간에 훨씬 빈번하게 나타납니다.

아기의 소화 문제, 변비, 알레르기, 수유가 너무 부족하거나 반대로 과식했을 경우, 수유 시 공기가 많이 들어가거나 불안한 환경에 노출된 경우에도 잘 나타나는 증상입니다.

예방법은 수유 시 공기가 최소한으로 들어가도록 젖병을 확인합니다. 모유수유 시에는 수유 자세가 바른지 확인합니다. 배 마사지도 도움이 되며, 일과 시간, 자는 시간에도 아이가 편안함을 느낄 수 있도록 쾌적하고 조용한 환경을 만들어주는 것도 도움이 됩니다.

배앓이 체크 포인트

- 이유 없이 강한 울음이 반복될 때
- 다리를 너무 잦게 당기는 행동을 보일 때
- 잦은 가스 배출
- 과하게 잦은 변 횟수

아이가 잠도 잘 자고 밥도 잘 먹는데도 불구하고 유난히 깨어 있을 때 이유 없이 달래지지 않는 울음이 잦고 다리를 당기는 듯한 행동을 자주 한다든지, 그 와중에 가스 배출이 잦다면 "엄마 내 배가 불편해요. 배가 아파요."를 표현하는 신호일 수 있습니다. 우리 아이가 배앓이를 하는 게 맞다고 판단된다면 배앓이 완화를 위한 효과적이고 자연스러운 방법인 '베이비 마사지'를 익혀두고, 틈틈이 적용해보세요.

베이비 마사지는 배앓이뿐만 아니라 아이의 피부를 부드럽게 만져줍니다. 또한 아이와 눈맞춤하며 양질의 시간을 보낼 수 있기에 엄마와 아이 모두에게 행복감을 주는 교감 상호작용입니다. 아이의 스트레스 호르몬이 낮아지는 데도 효과적이며, 변비 및 성장통에도 효과적입니다. 아기는 소화기관이 미숙하여 스스로 편안하게 소화해내는 것이 어려울 수 있습니다.

베이비 마사지 3단계 

1단계

평소 사용하는 베이비 로션이나 오일을 아이 배에 살짝 발라줍니다. 새끼손가락이 배 쪽을 향하게 손날을 세워 부드럽게 허리 부분에서 갈비뼈를 타고 중심으로 한 손씩 번갈아가며 살살 쓸어줍니다.

2단계

손끝을 이용해 아이의 배를 시계 방향으로 원을 그리며 복부 마사지를 합니다.

3단계

아이의 무릎을 굽혀 발을 잡고 복부 쪽으로 부드럽게 누릅니다. 처음엔 정방향으로 왼쪽, 오른쪽으로 방향을 바꿔가며 부드럽게 눌러주세요. 만약 탯줄이 떨어진 후 완전하게 아물지 않았다면, 배꼽이 다 아문 경우에만 진행해주세요.

베이비 마사지 외에도 배앓이 완화에 도움이 되는 것은, 현재 분유가 맞지 않을 경우, 맞는 분유로 변경해주는 것입니다. 또는 아이가 소화 못 할 만큼의 분유를 주어 배앓이를 할 수도 있으니 양을 조절해주는 방법이 있습니다. 또한 모유, 분유 수유 시 아이가 무는 방법이나 자세, 젖병 젖꼭지 등이 맞지 않아 수유 시 공기가 많이 들어가도 배앓이를 유발합니다.

아이가 수유 후에 트림 자세를 바꿔 보는 것도 도움이 됩니다. 늘 세워 안아 소화시키던 아이라면 앉혀서 등을 세워보는 등 다른 방법으로 바꿔보세요. 터미타임이나 액상 유산균 섭취 역시 도움이 됩니다.

마녀 시간

마녀 시간은 영어로 Witch hour라고 합니다. 보통 아이가 마지막 낮잠부터 밤잠 전까지 3시간 전후반으로 가장 짜증을 부리는 시간을 일컫습니다. 아이들이 컨디션이 제일 좋지 않은 시간대라 계속 칭얼거리고, 배고파하며, 졸려하고, 안겨 있으려고만 합니다. 과학자들도 이유를 알아내려고 했지만, 결국 정확한 이유를 파악하지 못했습니다. 몇몇 이론들로 추정하기엔 낮에 쌓인 피로가 밤잠 때 피곤함을 표현하는 것이라 말하기도 합니다.

다행인 것은 마녀 시간은 개월 수가 점점 커가면서 괜찮아지는데요. 보통 3개월까지 제일 심하고, 그 이후부터는 조금씩 괜찮아집니다. 마녀 시간에 효과적으로 할 수 있는 몇 가지를 소개해드릴게요.

- 아이가 좋아하는 장난감을 활용해도 괜찮습니다. 모빌, 치발기, 쪽쪽이 등등 아이가 편안해 하는 장난감으로 시선을 분산시킵니다.
- 유아차로 산책을 나갑니다. 마지막 낮잠이나 밤잠 전에 특히 짜증

이 많기 때문에 산책을 좋아하는 아이는 이 시간에 낮잠을 재우거나 환경을 전환시켜줍니다. 혹시 마지막 낮잠을 재우는 데 어려움을 겪는 부모님께서는 기존 잠연관을 사용해서 재울 수 있는 예외적인 시간대이기도 합니다. 혹시 습관이 들까봐 걱정하는 부모님들도 있는데, 일주일 중 7일 동안 동일한 잠연관으로 재우지 않고 마지막 낮잠도 스스로 자는 방법을 간헐적으로 연습시키면 크게 문제없습니다.

- 따뜻한 목욕이 도움이 됩니다. 긴장되어 있는 근육을 완화시키기 때문에 밤잠 수면의식 동안 목욕을 추천합니다.
- 집중수유가 도움이 됩니다. 수유를 하면 아이들이 진정되는 경우가 종종 있어요. 집중수유로 아이의 허기짐을 달래서 컨디션을 좋게 해주는 것도 꿀팁입니다.

먹놀잠

먹놀잠, 너무나 유명한 문구라 들어보셨죠. 먹고, 놀고, 자고, 너무 쉬워보이는데 제일 기본적인 먹놀잠에 어려움을 겪는 분들이 많습니다. 먹놀잠을 하면 이런 고민들이 생기죠.

'먹놀잠인데, 먹고 어느 정도 있다가 자야 하는 것일까?'
'낮잠 자고 일어나면 바로 먹여야 하는 것이 먹놀잠인가?'

'먹고 잠드는 경우가 많은데, 우리 아이는 먹놀잠을 안 하는 건가?'
'먹놀잠은 왜 해야 하는 것일까?'

먹놀잠 안에서도 굉장히 세분화되고, 먹놀잠이 잘 되지 않는 경우 잠에도 영향을 미치기 때문에 먹놀잠이 참 어렵습니다. 먹놀잠 관련해서 기억나는 사례를 하나 소개해드릴게요.

친구의 친한 친구가 출산을 했고, 그 친구의 아기도 잠 때문에 고생이라고 해서, 잘 부탁한다며 수면 교육 컨설팅 의뢰가 들어왔습니다. 아이 수면에 어떤 문제가 있는지 사전정보 설문지를 받았는데 정말 놀랐습니다. 5개월 아이가 아침 6시에 기상해서, 밤 9시까지 낮잠을 절대로 자지 않는다는 거예요. 정말 잠을 싫어하는 아이가 왔구나 했습니다. 잘 재워야 하는데, 부담감은 두 배로 늘었죠.

1시간이 넘는 미팅을 통해, 저는 먹놀잠이 제대로 되지 않고 있다는 사실을 발견할 수 있었습니다.

완모를 하는 엄마였는데, 아이가 젖을 물 때마다 꼭 눈을 감고 잔다 하고, 졸리면 칭얼거리니 '배고픈가?' 싶어서 젖을 물리면 아이가 5~10분씩 눈을 감고 열심히 먹고, 또 1~2시간 후에 칭얼거리니 또 물리고, 이런 수유 패턴을 갖고 계셨던 거예요.

대부분 '눈은 감고 있는데 입은 열심히 빨고 있다'면, 아이가 안 자고 있다고 생각합니다. 이건 빨기 반사 때문에 아기들은 자면서도 충분히 먹을 수 있습니다. 하지만 아이는 먹을 때 눈이 정말 말똥말똥해야 하며, 눈이 풀려 있거나 게슴츠레 먹고 있다면 졸고 있을 가능성이 높습니다. 실제로 이런 먹는 습관을 오랫동안 지속해온 아이들은 낮잠을 거부하거나 낮잠 연장이 잘 되지 않고, 새벽에도 수유를 유지하는 경우가 굉장히 많습니다.

양육자에게 먹놀잠의 필요성에 대해 설명드리며, 아이가 먹을 때 말똥말똥하게 먹을 수 있도록 지속적으로 깨우고, 수유 패턴을 규칙적으로 다시 잡아드렸더니, 아이가 낮잠을 하루에 3시간~3시간 30분을 자고, 아침 7시에 기상해서 저녁 8시에 취침하는 스케줄로 바뀐 적이 있습니다. 아이의 일과가 정돈되니 육아의 퀄리티는 수직상승했습니다. 규칙적인 패턴으로 엄마도 예측 가능한 육아가 가능해지고, 아이도 수유텀과 일정한 일과 없이 불규칙적으로 생활하던 것이 청산되었답니다.

실제로 먹놀잠은 이렇게 잠에 영향을 많이 미치며, 매우 중요합니다. 먹을 땐 열심히 먹고! 놀 때는 열심히 놀고! 잘 때는 열심히 자고! 이 취지의 먹놀잠입니다.

아침에 기상하고 바로 수유하는 게 아니라, 아이가 잠에서 깨어날 시간을 충분히 주기 위해 5~15분 후에 수유하는 것을 추천합니다. 혹시 낮잠을 자고 일어나서 수유텀이 되지 않았는데도 먹놀잠을 위해 바로 5~15분 후에 줄 필요는 전혀 없습니다. 우리도 아침, 점심, 저녁 시간대 간격이 어느 정도 있듯이, 먹놀잠은 '먹으면서 자지 말자'라는 취지이지 일어나자마자 먹을 시간이 되지 않았는데 낮잠 자고 일어나면 바로 먹어야 한다!의 의미는 전혀 아닙니다.

많은 분들이 먹놀잠, 이렇게 지키려다 보니 꼭 일어나자마자 먹어야 한다고 생각하는데 전혀 아닙니다. 놀먹놀잠(놀고 먹고 놀고 자고), 먹놀잠놀잠(먹고 놀고 자고 놀고 자고) 이런 패턴도 올바른 스케줄입니다. 실제로 많은 부모님이 '놀먹놀잠' 스케줄로 하루 일과를 운영합니다.

'먹는 것과 자는 것이 분리되는 것'이 먹놀잠의 제일 중요한 키포인트입니다. 때문에 아이의 수유 양과 텀은 부모가 조절할 수 있지만, 잠에 조금 더 포커스를 두고 수면 스케줄을 짜는 것을 추천합니다. 잠 스케줄은 아이가 깨어 있는 시간이기 때문에 아기가 조절해야 합니다.

수유텀이 있다면, 낮잠 자고 일어나서 놀고, 유동적인 수유텀 시간에 맞춰 먹고, 놀고, 자는 순서로 진행해도 괜찮습니다. 낮잠 자고 일어나자마자 놀고, 먹고, 낮잠 시간이 와서 바로 잘 수도 있습니다. 그런 경우, 낮잠 자기 20분 전에 수유를 완료하는 것이 좋습니다. 먹는 것과 자는 것의 연결고리를 끊기 위한 과정입니다. 또 먹놀잠에 중요한 조건이 있습니다. 바로 양육자의 휴식인데요. 의외죠? 원래 먹놀잠은 영어 단어인데, EASY라는 단어입니다.

먹놀잠의 주요 조건 4가지

E: Eat (먹는 것)

A: Activity (노는 것)

S: Sleep (자는 것)

Y: Your time (나의 시간 갖기)

나의 시간을 갖는 것만큼 하루 일과에서 중요한 것은 없습니다. 개인적으로 아이의 낮잠 시간에는 저만의 시간을 오롯이 갖는 것을 많이 중요하게 생각했습니다. 그래야 아이가 자고 일어나서, 더 열심히 성의껏 놀아줄 수 있어서요.

엄마, 아빠도 사람이니, 육아를 하다보면 체력과 정신력은 떨어지기 마련입니다. 아이가 낮잠 자는 시간을 활용해서 설거지를 하거나 집안 정리를 하는 것은 추천드리지 않습니다. 아이가 밤잠을 자고 나서 육퇴한 후에 남편과 함께 설거지를 하거나 집안 정리하는 것을 권합니다.

육아는 마라톤입니다. 아이가 깨어 있을 때 온전히 교감하기 위해서는 아이가 낮잠 잘 때 꼭 휴식을 챙겨주세요. 커피를 마시고, 간식을 먹고, 드라마를 시청하거나, 책을 읽거나 유튜브를 시청하는 것도 괜찮습니다. 부모도 사람이니 중간 중간 스트레스를 풀어주는 휴식을 먹놀잠마다 꼭 챙겨주세요.

"

수유텀은 어떻게 정해야 하나요?

"

수유텀은 무엇일까요? 아이가 배고파한다면, 얼마나 자주 줘야 할까요? 수유텀이란 처음 먹인 시간부터 다음 수유 시작 시간까지의 텀을 뜻합니다.

예를 들어, 첫 번째 수유 시작 시간이 7시였고, 수유는 7시 30분에 종료되었다고 가정해볼게요. 두 번째 수유를 10시 15분에 시작했다면, 이 아이의 수유텀은 3시간 15분입니다.

결론적으로 말씀드리면, 모든 아이들은 다릅니다. 어떤 아이는 빨기 욕구가 강해서, 먹는 것을 좋아해서, 소화력이 대단해서 잘 먹고, 먹더라도 배고파할 수 있습니다. 실제로 끝까지 먹고 와르륵 게우는 아기도 있습니다. 이 경우 부모가 수유량이나 수유텀을 정확하게 지키는 것에 스트레스를 받을 수 있습니다.

수유텀과 양은 기본적으로 의료 조언이기 때문에 제일 자세한 건 아이의 출생 몸무게부터 성장 발달 속도나 몸무게 양을 통해 전문 소아과 선생님과 상의하는 것이 가장 적합합니다. 수유텀 관련, 미국 질병관리청에서 발표한 자료를 소개드리겠습니다.

수유텀 관련, 미국 질병관리청 발표 자료

모유수유 신생아의 경우, 첫날은 1~3시간마다 모유수유를 할 수 있고, 완모(완전 모유수유)를 원하면 첫 며칠은 분유를 주지 말아야 한다고 권고합니다. 신생아 시기인 첫 달, 그리고 모유수유만 먹는 아이들은 2~4시간 정도 수유텀이 가능하지만, 아이가 원하는 대로 주는 것을 추천합니다.

분유수유 신생아의 경우 첫날은 30~60ml를 2~3시간마다 줄 수 있고, 배고픈 신호에 따라 양을 추가로 줄 수 있습니다. 완분(완전 분유수유)의 경우, 24시간 중에 8~12회를 먹는다고 합니다. 첫 주가 지나면 수유텀은 3~4시간으로 늘어날 수 있습니다.

대한소아청소년과학회에서는 생후 6개월까지는 점진적으로 증량되어 180~240ml를 하루에 총 4~5회 먹게 된다고 해요. 제일 중요한 것은 주기적인 영유아 검진이며, 아이 몸무게나 수유량, 수유텀은 소아과 선생님에게 개별적으로 상의하는 것이 가장 적합합니다.

하지만 저는 알려진 수유텀 혹은 얼마는 먹어야 한다라는 대중적인 정보 때문에 아이와 부모님이 고생하는 경우를 너무나 많이 봤습니다. 정보가 방대하다 보니, 어느 전문가는 3개월 아기는 정해진 수유텀이어야 하고, 다른 전문가는 2개월부터는 아이의 수유텀을 늘려야 하거나, 적정 양이 되면 4시간 수유텀으로 늘려야 하는 등 다양한 조언을 전적으로 믿고 따라가는 부모님들, 그로 인해 아이가 과피로가 되어 잠들지 못하는 상황, 혹은 먹으면서 잠들어버리는 상황을 정말 많이 보았습니다.

저는 의료인이 만들고 검증한 미국 수면 교육 자격증을 취득했습니다. 그 자격증을 공부할 때 항상 강조되는 부분은 "수면 컨설턴트는 의료인이 아니므로, 수유 관련 조언을 할 수 없다. 수유는 의료 조언이다."라는 내용이었습니다.

아무리 제가 간호사인 의료인이더라도, 아이의 몸무게, 성장 발달상황, 키, 발달 속도를 고려하지 않고 평균 수유량과 총량을 정해드릴 수는 없다고 생각합니다. 초보 엄마라 양을 정해주었으면 좋겠고, 수유텀도 정해주었으면 좋겠다는 마음은 충분히 이해합니다. 하지만 모든 아이들의 수유텀과 수유량은 다르니 꼭 참고만 해주세요.

컨설팅을 할 때 기본적으로 추천드리는 텀은 4개월 미만인 경우, 2.5~3시간입니다. (아이가 배고프다고 요청하는 경우, 2시간이 될 수도 있습니다.) 그리고 4개월~5개월 정도부터 4시간 수유텀을 추천드리는 편입니다. 이것은 깨어 있는 시간이 늘어났기 때문에(거의 2시간~2시간 15분까지 늘어나요!) 먹놀잠이 가능해집니다. 수유량은 아이마다 다릅니다. 제가 왜 짧은 수유텀을 추천드리는지 궁금하시죠? 그 이유는 다음과 같습니다.

2~3개월부터 4시간 수유텀을 하게 되면 먹놀잠이 되지 않습니다. 이 시기에는 아이가 깨어 있을 수 있는 시간이 매우 짧고 한정적입니다. 수유텀이 4시간인 경우 어떻게 되는지 직접 표로 보여드릴게요. 3개월

예시입니다. 평균적으로 3개월 아이는 짧으면 90분, 길면 2시간까지도 깨어 있을 수 있습니다.

4시간 수유텀일 때, 3개월 아기의 스케줄 예시

아침 기상	7:00	
첫수	7:15~7:30 (150ml~200ml)	
낮잠1	8:30~10:00	낮잠을 길게 1시간 30분 재워볼게요.
수유2	11:15 (150ml~200ml)	
낮잠2	11:40~12:40	수유를 하자마자 바로 자야 합니다. 왜냐면 깨어 있는 시간은 2시간 미만인데, 수유텀은 4시간이기 때문이죠. 여기까진 그래도 간당간당하지만, 어느 정도는 괜찮습니다. 그런데 이번엔 낮잠을 1시간만 재워볼게요. (1시간도 사실 정말 잘 자는 아이예요. 30~40분밖에 자지 않는다면, 부모님은 애가 타죠. 낮잠과 수유가 겹치거든요!)
낮잠3	14:25~15:00	먹지 못하고 바로 자러 가야 합니다. 이런 경우 배가 고파서 낮잠 연장이 힘들거나 입면이 매우 힘들 수 있어요.
수유3	15:15 (150ml~200ml)	
낮잠4	16:50~17:30	마지막 낮잠
수유4 (막수)	19:00 (150ml~200ml)	보통 2~3개월에 이렇게 수유텀을 무리해서 늘리는 분들이 많은데요. 새벽수유가 대부분이랍니다. 새벽수유가 있는 경우는 수유텀을 2.5~3시간으로 줄여서 먹놀잠이 가능하게 해주시고, 낮에 최대한 수유량을 늘려주세요. 180ml를 4시간 텀으로 4번 먹는 경우, 낮 총 수유량은 720ml이지만, 160ml씩 3시간 텀으로 5번 먹는 경우는 낮 총 수유량이 800ml이기 때문입니다.
밤잠	19:30	

슬립베러베이비 추천 (3시간 수유텀/3개월 아기 예시)

아침 기상	7:00	
첫수	7:15~7:30 (150ml~180ml)	
낮잠1	8:30~10:00	30분만 자더라도 먹놀잠은 어느 정도 가능해집니다. 낮잠1은 제한해야 한다라는 의견, 많이 들어보셨죠? 종달기상이 없는 아이들은 굳이 낮잠1을 제한하지 않아도 됩니다.
수유2	10:15 (150ml-180ml)	먹놀잠이 가능해졌죠? 만약에 낮잠1을 30분만 자고 9시에 깨더라도, 놀고 먹놀잠해주면 됩니다.
낮잠2	11:40~12:40	이 낮잠은 위 예시와 똑같이 1시간만 재워볼게요.
수유3	13:15 (150ml~180ml)	일어나서 30분 이상 놀고, 먹으러 가는 스케줄이에요.
낮잠3	14:25~15:00	이것도 한 사이클 정도만 재워볼게요. 만약에 더 자면, 수유텀 전에 깨워주면 됩니다.
수유4	16:15(150ml~180ml)	1시간 15분 놀고, 수유를 해주면 됩니다. 트림시키고 20분 후에 잠을 자러 들어가는 스케줄이에요.
낮잠4	16:50~17:30	마지막 낮잠
수유4 (막수)	19:00 (150ml~180ml)	3시간 수유텀에서 살짝 당겨서 2시간 45분으로 맞춰봤어요. 많이 게우는 아이도 있고, 수유가 오래 걸리는 아이도 있어요. 이렇게 유동적으로 수유텀은 2.5~3시간 사이에서 움직여도 괜찮습니다. 딱 칼 같이 3시간 텀으로 안 만들어주셔도 괜찮아요.
밤잠	19:30	180×4시간 수유텀, 4회 수유 = 720ml, 150×3시간 수유텀, 5회 수유 = 750ml, 보이시죠!? 양이 확 줄어도 먹놀잠은 훨씬 수월하고 낮에 총량은 더 많죠?

낮잠을 1시간이나 30분 잔 경우, 아이의 수유텀이 4시간이라면 낮잠을 자고 일어나서도 시간이 한참 남아서 먹고 바로 자야 하거나 수유를 건너뛰고 자야 하는 경우가 생깁니다.

그리고 이 시기에는 대부분 새벽수유를 하고, 위의 크기가 작아서 많은 양을 한 번에 섭취하지 못합니다. 낮에 총량을 늘리기 위해 2시간 30분~3시간의 수유텀을 추천드립니다. 그러면 이런 질문을 받습니다.

"선생님, 저희 아이는 잘 먹는 스타일이라 3개월인데 한 번에 200씩 먹어요. 새벽수유도 없고, 먹놀잠도 잘 됩니다. 4시간 수유텀으로 계속 유지해도 괜찮을까요?" (총량 800, 새벽수유 없음, 낮 수유 4회)

A: 네, 당연히 괜찮습니다. 수유텀이 짧아야 하는 이유는 먹놀잠과 새벽수유 때문이었으니까요.

하지만 이런 경우라면 생각해봐야겠죠.

"선생님, 3개월인 저희 아이는 맘카페에서 4시간 수유텀으로 늘려야 한다고 해서 늘렸고, 현재 1회 수유량은 150 정도에요. 새벽수유도 150 정도 먹고 있습니다. 먹놀잠이 너무 어려워서, 낮에 적어도 2번은 졸아요. 수유텀을 어떻게 해야 할까요?" (낮 총량 150×4=600, 새벽수유 150, 총량 750, 낮 수유 4회, 새벽수유 1회)

이 분은 수유텀을 3시간 전후반으로 줄이는 것을 권고드립니다. 우선 먹놀잠이 되지 않고, 1회 수유량이 적다보니, 낮에 총량이 600밖에 되지 않고, 아이는 600은 모자라다고 느끼는지 새벽에도 150ml를 찾고 있으니까요. 수유텀은 아이가 성장하고 깨어 있는 시간이 늘어나면서 자연스럽게 늘어납니다. 수유텀 기준은 월령별 **깨어 있는 시간이 기준**이 되어야 합니다.

부모가 억지로 늘리려 하지 않아도, 아이들이 성장하면서 자연스럽게 늘어나기 때문에 수유텀을 잡아야 하는 이유는 먹놀잠과 충분한 낮수유, 아이의 성장 발달을 위한 것임을 꼭 기억해주세요. 무리하게 늘리지 말기! 그리고 수유텀에 집착하지 말아주세요.

이렇게 생각해볼게요. 어른도 칼같이 정각 7시에 먹지 않아요. 6시 30분에 먹을 때도 있고, 7시 15분에 먹을 수도 있죠. 30분 전후반은 충분히 차이날 수 있어요. 아이들도 '사람인지라' 급성장 구간에는 수유가 폭발할 때도 있고, 성장이 느릴 때는 수유량이 확 줄어들 수도 있습니다. 수유량에 집착하게 되는 계기는 '이 정도를 먹지 못하면, 새벽에 통잠을 자지 못할까봐' 하는 두려움 때문에 낮에 억지로 먹이려는 분들도 계시고(저도 그랬어요), 먹으면서 자는 경우, 빨기 반사 때문에 당장 아이가 잘 먹으니 먹으면서 자게 두는 경우도 많았답니다.

당장은 큰 문제가 없겠지만, 이 습관이 고쳐지지 않으면, 돌이 지나도 새벽에 계속 젖을 물고 자거나 새벽수유가 지속되어 치아에 영향을 미치거나 소아비만이 될 가능성이 커집니다. 그러므로 초기부터 올바른 습관을 잡아주세요.

새벽에는 먹여야 할까요?
새벽수유의 모든 것

새벽수유란 아이가 마지막 수유(막수) 이후 아침의 첫 번째 수유(첫수)까지 공복으로 버틸 수 있는 시간이 10~12시간이 되지 않으니, 수유를 필요로 하는 것을 의미합니다. 새벽수유는 정말 '배고픔' 때문일 수도 있고, '습관'일 수도 있고, '위안'을 얻으려는 것일 수도 있습니다.

출산 직후부터 생후 1개월까지인 신생아 시기에는 아이가 새벽에 배고픔으로 깨지 않더라도, 아이의 탈수 방지를 위해 깨워서 수유를 진행해야 합니다. 신생아 시기가 지나고, 소아과에서 특별히 요청하지 않는다면 아이가 새벽 시간마다 수유를 찾지 않더라도 굳이 깨워 먹이지 않아도 괜찮습니다.

새벽수유의 양은 보통 낮에 먹는 수유량과 비슷하게 혹은 더 적게 주는 게 적당합니다. 만약 아이가 보통 낮에 2시간 반에서 3시간 텀으로 한 번에 100ml를 먹는다면 새벽수유는 100ml 혹은 더 적은 70~80ml

가 적당합니다.

새벽수유는 과식하지 않는 것, 너무 많은 양을 밤 시간에 먹고, 낮 시간에 총 수유량이 줄어들지 않게 하는 것이 포인트입니다. 컨설팅을 진행 중인 지후의 사례로 예를 들어보겠습니다.

지후는 4개월 아이로, 저희 읽기자료로 수면 교육을 1개월 동안 진행했고, 낮잠도, 밤잠도 스스로 매우 잘 잤어요. 하지만 지후 어머님의 고민은 단 한 가지, 5개월 차가 되어도 두 번이나 지속되는 새벽수유였습니다. 밤잠을 스스로 자면, 새벽수유도 점점 없어진다는데, 지후 어머님의 피곤도는 날로 쌓여갔습니다. 몸무게는 매우 정상이었고요.

실제로 지후네 수유 패턴은 다음과 같았습니다. 낮 수유량은 550정도 되었고, 취침 이후 기상까지 새벽수유가 300~400ml였어요. 하루 총 수유량이 900ml 전후반 정도를 먹어야 하는 아이인데, 꽤나 많은 양을 새벽에 채우고 있었습니다. 이런 경우 새벽수유의 양으로 낮시간에 충분한 수유가 이루어지지 않고, 너무 많은 양을 새벽에 채우고 있으니 낮시간 수유가 더 늘기 어려울 수밖에 없습니다.

지후네는 아침 첫수와 막수, 낮에 충분한 수유량으로 늘려주었더니, 기특한 지후는 바뀐 플랜으로 2주 만에 새벽수유는 1회로 줄어들었고, 양도 극적으로 70~100ml로 줄어들었습니다.

아직 어린 아이들은 한 번에 먹는 양이 적을 수 있습니다. 수유텀을 너무 무리하게 늘리지는 않았는지, 수유 시 졸면서 먹는 건 아닌지 낮시간에 충분한 수유가 이루어지지 않는 이유에 대해 체크해주세요. 새벽수유 끊기에 대해서는 많은 엄마들 사이에서 갑론을박 이야기가 많은 주제입니다.

"새벽에 너무 잘 먹는데, 혹시 나중에 새벽수유를 못 끊으면 어떡하지? 끊기 힘든 건 아닐까?"
"새벽수유는 3개월이 되면 끊어야 한다더라, 첫니가 나면 무조건 새벽수유는 끊어야 하는 것. 이유식 시작 시기에는 새벽수유를 무조건 끊어야 한다."

과연 맞을까요? 수많은 아이들을 만나봤지만, 새벽수유는 양육자가 선택해서 끊는 것이 아니라 아이가 준비되면 자연스럽게 새벽에 수유를 찾지 않으면서 끊는 게 대부분입니다. 지금까지 컨설팅을 진행하면서 억지로 새벽수유를 끊은 사례는 열 손가락 안에 꼽습니다. 물론 상황에 따라 새벽수유를 인위적으로 줄여서 끊은 경험도 있습니다.

새벽수유를 하는 아이들이 10명 있다고 가정해봅니다. 낮시간에 충분한 양을 섭취하면 스스로 잘 자고 자연스럽게 수유를 찾지 않는 경우가 8~9명일 정도로, 대부분의 아이들은 자연스레 수유를 끊습니다. 새벽수유가 없다는 것은 아이가 배고픔으로 깨지 않고, 깨더라도 다시 스스로 잠들어서 밤새 잘 자는 것을 의미합니다.

아이가 배가 고픔에도 불구하고 인위적으로 수유를 진행하지 않는다거나 다른 방법으로 계속 재워주는 것은 새벽수유를 끊은 게 결코 아닙니다. 보통 새벽수유를 하지 않는 것에만 중점을 두고, 어떤 것이 문제인지 모르고 지나치는 경우가 상당히 많습니다. 새벽수유를 스킵하고 어떻게든 다른 방식으로 잠을 재워주는 게 중요한 것이 아닙니다.

새벽에 먹지 않는 것에만 집중하다 보면 배고픈 아이는 배고픔을 견디고 자야 하며, 잠자기는 훨씬 힘들어집니다. 어른들도 저녁을 먹고 자지 않으면 배고픔에 잠들기 어려운 경험, 다들 있지 않으신가요?

생후 2개월에도 수유를 자연스레 끊는 아이도 있지만, 6개월 혹은 더 큰 아이들 중에서도 새벽수유를 하는 아이들을 컨설팅을 통해 만납니다. 보통 5개월 이전의 사례들 중 새벽수유가 있는 경우 낮시간 수유가 잘 이루어지지 않는 데 근본 원인이 있는 경우가 많지만, 보통 6개월 이후 아이들의 경우에는 수유 문제보다는 수면 문제로 새벽수유를 하는 경우가 많습니다.

아이가 잠들기를 힘들어 해 새벽에 깰 때마다 배고픔이라 판단하고 먹이며 재우는 습관이 있다면, 배가 고프지 않은 아이도 새벽수유에 의지해 자기를 원하게 될 것입니다.

결론적으로, 새벽수유를 끊기 위해서는 낮시간에 충분한 수유가 이루어져야 합니다. 수유 이외에 불필요하게 깨지 않기 위해서는 스스로 자는 습관이 있어야 합니다.

새벽수유 서서히 줄이는 TIP

새벽수유는 스스로 잘 자는 아이가 낮시간에 충분한 양을 섭취해주면 자연스레 끊기는 게 보통입니다. 하지만 아이가 스스로 잘 자는 습관이 잡혀 있고 낮시간 충분한 양을 먹는데도 새벽에 너무 잘 먹고 바로 잠드는 경우라면 이렇게 따라해보세요.

① 새벽수유 끊기 시도 첫 날, 원래 새벽수유 시에 먹는 양에서 20ml 정도 줄여 수유해주세요. 만약 줄인 양을 너무 부족해한다면 10ml로 줄여 2~3일 유지해주세요.

② 줄인 양으로 잘 잔다면, 동일하게 10~20ml씩 천천히 줄여주세요. 줄인 양은 적어도 2~3일은 유지해주세요.

③ 새벽수유량이 거의 50~60ml까지 줄었다면 줄인 양을 먹지 않고도 잘 수 있을지 달래보시고, 15분 이상 달래도 도저히 울음이 줄어들지 않는다면 2~3일 이후 다시 3번 방법을 시도해주세요.

새벽수유 끊기의 포인트는 새벽시간에 너무 잘 먹는 아이의 수유를 갑자기 멈추는 것이 아닙니다. 천천히 점진적으로 양을 줄여가며, 아이가 적은 양을 먹는 것에 먼저 적응하게 해주세요. 낮에 먹는 수유량은 새벽수유를 줄임으로써 늘어나야 합니다.

꿈수하고 있는데, 계속 해도 괜찮나요?

꿈수는 영어로 Dream Feed라고 합니다. 꿈을 꾸면서 먹는 수유라고 하죠. 가끔 꿈수를 새벽에 해주는 분들이 있습니다. 꿈수의 목적을 이해하면, 새벽에 꿈수를 하지 않아야 합니다.

꿈수는 왜 해야 하나요? 꿈수는 부모님의 편의를 위해서만 추천드립니다. 저도 꿈수를 진행했던 엄마인데요. 새벽에 2회 깨는 것보다는 새벽에 1회만 깰 때 저의 컨디션이 매우 좋아지더라고요. 그래서 꿈수를 진행했습니다.

꿈수 가이드라인

- 아이가 새벽수유가 2회인 경우, 부모의 편의를 위해서 꿈수를 고려

할 수 있어요.

- 꿈수는 밤 10시~11시 반 사이를 추천하고, 밤 12시를 넘기지 않는 것을 추천해요.
- 모든 아이에게 꿈수가 맞는 것은 아니에요. 꿈수를 하더라도 새벽에 똑같이 2회 깬다면, 새벽수유가 총 3회가 되므로 추천드리지 않아요.
- 꿈수를 하는 도중에 깨지 않고, 쭉 잠든 상태가 유지되는 게 제일 바람직합니다. 혹시 꿈수를 하는 동안 아이가 깨서 울면서 자지 않거나 꿈수하는 시간대 직전에 울면서 깬다면 아이에게 꿈수는 맞지 않으니 중단해주세요.
- 아이를 침대에 눕혀서 수유하지 않아도 괜찮아요. 자는 아이를 조용히 들어서, 어두운 방에서 수유 등만 켜고 꿈수를 진행하고, 트림도 시켜주세요. 기저귀는 굳이 갈지 않는 것을 추천드립니다.

꿈수를 며칠 진행해보고, 맞지 않는다면 바로 중단하는 것이 좋습니다. 새벽수유가 1회만 있는 부모님께는 꿈수를 추천드리지 않습니다. 참고해주세요.

분유를 바꿔야 할 때

분유를 처음 선택할 때만큼이나 바꾸는 것도 어렵게 느껴집니다. 분유를 어떻게 바꿀까 고민되셨다면, 우선 우리 아이가 분유를 바꿀 만한 이유가 있는지 체크해주시고 분유를 바꾸기 전에는 꼭 소아과 의사 선생님과 충분히 상담한 후에 결정해주세요.

① 소화기관이 미숙한 아이들은 수유 후 게워냄이 있을 수 있습니다. 하지만 너무 심하게 게우는 아이들 중에 체중이 꾸준하게 증가하지 않고, 적어도 6시간에 한 번은 기저귀가 젖어야 하는데 그렇지 않다면 분유가 잘 맞지 않아 게우는 양이 많다는 의미입니다. 분유 불내증의 징후일 수 있으므로 분유가 맞지 않음을 고려해볼 수 있습니다.

② 아이가 수유량이 충분함에도 불구하고 체중이 너무 더디게 증가

하는 경우 분유 교체를 고려해볼 수 있습니다. 영유아 검진 시 소아과 의사 선생님에게 자세히 상담해보는 것을 추천드립니다.

③ 수유중이나 직후 너무 과하게 불편해하고 우는 게 잦다면 분유 과민증이 원인일 수 있습니다. 이런 경우 소아과 의사 선생님과 상담 후에 가수분해된 분유(유당이 제외된 특수 분유) 추천 등을 자세히 의논해볼 수 있습니다.

④ 대변에 피가 묻어나올 경우 분유 교체가 필요한 사인일 수 있습니다. 분유 단백질 공급원인 유단백에 알레르기 반응일 수 있으므로, 이 경우에도 고려해볼 수 있습니다. 그 외에도 분유로 인한 알레르기 반응에는 피부 두드러기, 발진, 붓는 증상 등이 나타날 수 있습니다.

⑤ 심한 변비가 나타날 경우에도 분유 교체를 고려해볼 수 있습니다. 보통 분유수유는 하루에 한 번은 변을 보지만, 2~3일간 변을 보지 않는 것도 자연스러울 수 있습니다. 하지만 변이 너무 단단하거나 아이가 너무 괴로워하고 힘들고 고통스럽게 변을 본다면, 분유의 문제일 수 있습니다.

분유 바꾸는 TIP

① 기존 분유와 새 분유를 예를 들어 100ml 제조한다고 가정했을 때, 50ml의 기존 분유와 50ml 새 분유를 혼합해 제공해주세요. 아이

가 소화를 잘 하고 변 상태가 나쁘지 않은지 3일차까지 지켜봐주세요.

② 4일차부터는 5:5였던 분유 비율에서 새 분유 비율이 7이 될 수 있도록 조금 더 늘려주세요.

③ 1번과 같이 아이가 잘 적응해가고 있다면 2~3일 이후에는 완전히 새 분유로 제공해주세요. 적응은 보통 7일 정도 점진적으로 기존 분유에서 새 분유 비중으로 천천히 늘려가는 것이 맞습니다. 위의 설명 공식대로 따라가지 않아도 괜찮습니다. 아이가 먹는 것이 보통 힘들고, 새로운 분유의 맛에 적응을 어려워해 수유량이 급격하게 준다거나 거부한다면 1번 부분의 비중을 5:5가 아닌 기존 분유 비중을 7~8, 새로운 분유 비중을 2~3 등으로 정해두시고 익숙한 분유의 비중을 늘려 더 천천히 점진적으로 늘려주세요.

일반 분유에서 가수분해 분유로 바꿀 경우, 보통은 적응이 필요 없습니다. 일반 분유보다 가수분해 분유가 훨씬 소화가 편하기 때문인데요. 만약 일반 분유에서 다른 일반 분유로 적응하는 과정 중에 아이가 심하게 게우거나 토한다면, 변이 물러지거나 단단해지는 등 변화가 있을 수 있습니다. 아이가 새로운 맛에 반응한다는 건 자연스러운 일입니다. 하지만 1~2주 이후에는 정상적인 형태로 소화하고 있는지 체크해주셔야 합니다.

4장

아이를 파악하는 실전 수면 교육

우리 아이 하루 스케줄 짜기

아침 기상시간 잡기

아침 기상시간을 잡는 것은 매우 중요합니다. 하루의 시작점이니, 이 시작점이 흔들리면 전체적인 기준이 흔들리게 되죠. 예를 들어, 아이가 어느 날은 6시에 기상하고 어느 날은 9시에 기상하는 경우 낮잠 스케줄도 취침시간도 전체적으로 움직이게 됩니다.

어른의 아침 기상시간을 생각해볼게요. 어른의 아침 기상은 우리가 늦잠을 노력하는 것이 아니라면 대부분 일정한 시간입니다. 일정하다는 시간은 칼 같은 7시 기상이 아니라 아침 6시 30분에서 아침 7시 30분 전후반이죠.

아이도 똑같아야 합니다. 칼 같은 기상시간을 잡으라는 의미가 아닙니다. 하지만 기준점에서 1~2시간씩 차이나는 경우를 줄여야 한다는 것입니다. 예를 들어, 어떤 날은 6시 기상, 어떤 날은 8시 기상, 이런 경우를 줄이자는 것이죠. 아이의 '평균적인 기상시간'을 생각해보고, 그에 맞춰 아이를 깨우다 보면, 자연스럽게 규칙적인 생활이 진행됩니다.

이 평균적인 기상시간을 내 '이상적인 기상시간'으로 정해주진 말아주세요. 그렇게 된다면, 아이는 항상 일찍 일어나다보니, 아이를 '억지로' 내가 원하는 시간까지 재워야 하는 경우들이 너무 많이 생기게 됩니다. 그렇다면 개월별 올바른 아침 기상시간은 언제일까요?

개월별 올바른 기상시간

- 0~1개월 아이의 평균 기상시간: 오전 9시~10시
- 2개월 아이의 평균 기상시간: 오전 8시~9시
- 3개월 이후 아이의 평균 기상시간: 오전 6시~7시

신생아 때부터 올바른 기상시간을 잡아주면서 아이의 전체적인 하루 패턴을 잡아줄 수 있습니다.

말 그대로 '평균' 기상시간이고, 2개월 아이도 6~7시에 하루를 시작하는 경우가 많습니다. 참고만 하되 6~7시에 기상하더라도 밤잠을 10시간 이상 채워서 자고, 아이의 당일 컨디션이 좋다면 기준보다 이르거나 늦은 기상도 모두 괜찮습니다.

유튜브에서 아이는 7~8시에 재워야 한다는 얘기를 듣고 2개월인 저희 아이를 8시부터 10시까지 재우지 못한 엄마로서 알려드리고 싶어요. 혹시 저 같은 상황이 반복되지 않기를 바랍니다.

한편으로는 아이를 아침에 깨우기 미안해하는 부모님들이 많습니다. 혹은 재우기 힘든데 잘 자주니, 늦잠을 자면 너무 고마운 경우도 많죠. 또는 새벽에 너무 심하게 깨서 나도 피곤하고, 아이도 너무 피곤한 경우도 있어요.

컨설팅 때 어머님들에게 항상 드리는 말씀이 있습니다. "출근을 늦게 하면, 퇴근을 늦게 해야 해요. 출근은 자율 출근이고, 퇴근은 정시에 하면 안 돼요!" 즉, 평소 기상시간보다 훨씬 늦게 일어난다면 퇴근도 훨씬 늦어져야 한다는 뜻입니다.

대부분의 아이와 부모의 딜레마는 여기서 시작됩니다. 오늘 늦게 일어났는데 밤잠은 항상 동일하고 칼 같은 시간에 재워서, 아이 입장에서는 "나는 낮에 충분히 놀지 못했는데? 나는 낮에 많이 깨어 있지 못했는데? 나는 밥을 충분히 먹지 못했는데?" 해서, 밤잠 입면을 거부하는 경우가 종종 있습니다.

그리고 제가 아무리 오전 6시가 정상 기상시간이라고 말씀드려도 대부분 7시까지 자주길 원하는 분들이 많으세요. 아이가 잠이 많은 편이라면 가능한 스토리지만, 아이가 선천적으로 잠이 많지 않다면, 대부분 6~7시 사이에 기상합니다. 꼭 현실 가능한 기상시간을 생각해주세요.

예를 들어, 아이가 밤 8시에 취침해서 아침 6시 30분에서 7시에 기상하는 것으로 목표 기상시간을 세팅한 부모님도 계실 거예요. 10시간 이상 취침이니, 6시 이후면 정상적인 기상인 거죠.

근데 아이가 새벽 4시 반부터 혹은 5시부터 꿈틀꿈틀거리면 엄마 심장은 쿵~ 내려앉죠. '안 돼~절대 일어나면 안 돼~ 빨리 자라' 하면서 최대한 적극적으로 개입해서 아이를 잘 수 있게 만들어주는 부모님이 대부분입니다. (글을 읽고 뜨끔하는 분들! 여러분만 그런 게 아니라 정말 대부분의 어머님들이 그래요!)

이것이 괜찮냐라는 질문을 많이 하세요. 4시 30분에 새벽기상하면, 적극적으로 안아서라도, 토닥여서 혹은 재빠른 수유로 재워도 될까요?라는 질문을 많이 받는데, 저는 추천드리지 않습니다.

아이는 새벽 4~6시 사이에 꿈틀거리고 얕은 잠을 자기 때문에 훨씬 얕게 자고, 눈을 뜨기도 하며, 뒤척거리고, 옹알이를 하거나 울기도 합니다. 부모님들은 이때 아이가 깨면, 습관이 들까봐 혹은 하루가 너무 길어져서 아이가 피곤해할까봐 적극적으로 개입하는 경우가 많지만, 저는 추천드리지 않습니다.

얕은 잠을 잘 수도 있는 아이에게, 적극적으로 부모가 개입해서 연장을 해줘야 한다면, 이 또한 습관이 들기 때문에 항상 이 시간대에 깨서 아이의 적극적인 연장을 도와주게 될 확률이 매우 높기 때문입니다. 또한 계속적인 개입, 쪽쪽이 셔틀이나 토닥임, 안아주기, 수유 등등 부모의 개입이 지속적으로 필요해서 불필요한 깸을 유발할 수 있기 때문이죠.

수면 교육은 당장 오늘 잘 자기 위해서 하는 교육이 아닙니다. 수면 교육은 다음달, 다다음달에 개선되는 우리 아이를 위한 교육이고, 습관 만들기입니다. 일부러 개입하는 상황이 없도록 아이가 충분히 시간을 가지고 자야 하는 시간에 '스스로' 잘 수 있는 기회를 마련해주세요. 자, 정리해볼게요.

아침 기상시간 잡는 방법

1. 목표 기상시간보다 늦어지는 경우, 아이 깨워주기
2. 목표 기상시간보다 훨씬 일찍 깨는 경우, 최대한 아이가 스스로 잘 수 있도록 기다려주고 어떤 이유로 깼는지 파악해보기(온도가 맞지 않나? 기저귀가 불편한가? 지금까지 재워줘서 깼나? 배가 고픈가?)
3. 개월별 올바른 기상시간 참고하기
4. 늦은 육퇴를 바라지 않는다면, 목표한 아침 시간에 일과 시작하기

아기의 잠신호 파악해서 낮잠 시간 잡기

아기의 잠 신호, 무엇일까요? 아기가 졸려할 때 보내는 신호라고 생각하면 됩니다. 아이가 찰떡같이 완전히 졸려할 때 재우면, 입면이 훨씬 수월하겠죠. 잠 신호는 세 가지로 나뉩니다.

- **덜 졸린 신호:** 멍하게 한 곳을 응시하는 상태, 붉은 눈가와 눈썹, 도리도리 고개 돌리기
- **잠들기 적당한 졸린 신호:** 큰 하품, 눈 비비기, 귀 비비기, 칭얼거리기, 짜증내기
- **과피로 신호:** 소리 지르는 듯한 짜증, 강성 울음, 심한 잠투정, 힘을 주며 밀쳐내기, 등을 휘는 행동, 주먹 쥐기

약간 감이 오시나요? 이것이 교과서에 나온 아이의 졸린 신호입니다. 뭔가 과피로로 가면 갈수록, 짜증이 많아지고, 행동이 커지는 경향이 더 보입니다. 잠신호를 놓치는 경우, 과피로가 되어 오히려 잠을 자기 힘들어 하는 상황이 연출됩니다. 절대 원하지 않는 상황이 되는 거죠.

하지만 수천 명의 아이들을 수면 교육하다 보니, 저는 '모든 아이들이 딱 적당한 신호 때에 졸린 신호를 보내지 않는다'는 것을 발견하게 되었어요.

보통 아이들은 졸리면 서서히 졸린 신호를 보내지만, 졸린 신호가 하나도 없는 아이들도 있습니다. 저희 아이도 졸린 신호가 크게 없었고 잘 시간이 되어 아기 방에 들어가 기저귀를 갈면 그제서야 하품을 하고 눈을 비비는 등의 신호를 보냈습니다.

사실 어른들도 일과 중에 눈을 비비거나 하품을 합니다. 졸리고 피곤하다는 신호를 일과 중 보일 수 있지만 늘 그 시간에 꼭 잠을 자야 하는 건 아닙니다. 간단하게 말씀드리면, 잘 정도로 졸리진 않은 거죠. '피곤하다 VS 잘 정도로 졸리다' 이 두 가지의 차이점이 있다는 뜻입니다.

만약 우리 아이가 하루 종일 하품을 해서, 평소보다 빨리 눕혔는데 잠이 들 정도로 졸리지 않은 경우도 많이 보았고, 졸린 신호가 전혀 없이 계속 놀기만 해서 잘 노는 아이를 괜히 눕힌 게 아닌가? 하는 고민도 해보셨을 거라 생각합니다.

졸린 신호는 아이의 수면 스케줄을 파악하는 데 도움이 되는 요소일 뿐, 졸린 신호만으로 아이가 이 시간에 100% 졸리다고 볼 순 없으므로, 아이가 졸린 신호가 전혀 없다거나 늘 졸린 신호를 보내는 아이라도 너무 걱정하지 마세요.

무조건 '하품'하거나 '운다'고 자러 들어가야 하는 것은 아닙니다. 졸린 신호는 보조적인 도구입니다. 아이들마다 졸린 신호는 모두 다릅니다. 아이가 어떤 '특정 행동'을 할 때 눕혔더니 수월하게 입면 했는지, 잠 연장은 얼마나 잘하는지 그 패턴을 파악해야 합니다.

아이의 신호도 중요하게 생각하지만, 이 신호가 정말 맞는 신호인지 아이를 분석하고 파악하는 것도 필요하기 때문에 아이의 신호를 잘 읽어주세요. 아이와 소통하는 것이 매우 중요합니다.

밤잠 취침시간 잡기

아침 기상을 잡은 만큼, 취침시간은 비슷한 시간에 자연스럽게 올 가능성이 큽니다. 그렇다면 올바른 취침시간, 어머님들의 즐거운 육아 퇴근(육퇴) 시간! 이 밤잠이 수월한 아이도 있지만, 정말 밤잠 입면만 어려운 아이도 있답니다.

밤잠 시간 잡기 TIP!

아침 기상을 잘 잡아주셨으면, 밤잠 시간 잡기는 조금 수월합니다. 제일 중요한 것은 '12시간의 법칙'입니다. 뭐냐면 '적어도' 하루에 12시간은 깨어 있어야 해요.

이 12시간은 낮잠도 포함이에요. '낮잠 기상시간부터 밤잠 취침시간까지 적어도 12시간은 깨어 있어'라는 의미인데, 예를 들어 아침 8시에 기상한 아기는 밤잠은 적어도 8시 이후에 들어가야 합니다.

아침 9시 30분에 기상한 아기는 밤잠을 적어도 9시 30분 이후에 들어가야 해요. 이렇게 큰 틀을 잡아주시고, 아이가 밤잠을 총 몇 시간 자는지 계산해보세요. 이 밤잠 시간은 새벽에 깨어 있는 시간도 포함입니다.

쉽게 설명드리면, A라는 아이가 밤잠을 9시 30분에 들었다고 생각해볼게요. 새벽수유도 하고, 새벽에 쪽쪽이 셔틀도 하고, 새벽에 놀기도 했습니다. 그리고 아침 9시에 기상했어요. 그럼 이 아이의 밤잠은 11시간 30분을 잔 것으로 생각하면 됩니다. 아이의 '평균적인' 밤잠을 계산해주세요. 평균적으로 11시간 30분을 밤잠으로 자는 아이는 낮에 '12시간만' 깨어 있는 것이 아니라, 12시간 30분 깨어 있으면 되겠죠? 그렇다면 이 아이의 큰 스케줄 틀은 아침 9시 기상, 취침 9시 30분이 되는 겁니다. 조금 감이 오실까요? 개월별 평균 밤잠 시간도 알려드릴게요.

개월별 평균 밤잠 시간

- 0~1개월의 평균 취침시간: 밤 9시~10시
- 2개월의 평균 취침시간: 밤 8시~9시
- 3개월 이후의 평균 취침시간: 밤 7시~8시

취침시간도 기상시간처럼 큰 틀을 잡아주고, 30분 전후반, 최대 1시간까지 움직이는 것도 괜찮습니다. 부모님도 밤잠은 보통 11시에 주무신다고 생각해볼게요. 10시 45분에 들어가면 큰일나는 것은 아니고, 밤 11시 30분에 잠든다고 큰일나는 것도 아니지요? 우리 아이도 마찬가지입니다.

성장호르몬은 수면 중에 분비됩니다. 예를 들어 밤잠을 9시간 자는 아이와 11시간 자는 아이를 비교해봤을 때, 11시간 자는 아이들이 성장 가능성이 더 높은 이유가 그 때문입니다. 수면을 하는 동안 아이는 근육 성장, 세포재생, 두뇌성장이 이뤄지니까요. 무조건 밤 8시, 혹은 밤 10시에 자야 성장을 잘 한다가 아니라, 밤 8시에 들어가서 밤잠은 몇 시간이나 잤는지, 혹은 밤 10시에 들어가서 밤잠은 몇 시간이나 잤는지 총 길이와 수면의 질이 중요합니다. 밤잠 취침 관련해서 이든이 어머님 사례를 소개해드립니다.

"저는 수면 교육 육아 서적과 유튜브를 보고, 수면 습관을 길러주려고 노력했어요. 배운 대로 밤 8시에 재우면, 낮잠처럼 아이가 30분만 자고 일어나더라고요. 저희 부부는 계속 이든이를 안고 재우려고 노력했고, 항상 2~3시간이 걸려서 이든이는 지쳐서 밤 12시에 잠이 들었어요. 이른 시간에 재워야 한다는 말에 계속 노력했고, 시간이 지나면 해결될 것이라는 주변 엄마들의 말에 꾹 참고 기다렸습니다. 6개월 이후에도 이든이는 항상 밤 12시에 울다 지쳐 잠이 들었어요.

지현 트레이너님과 상담을 하고 나니, 이든이는 밤잠이 이른 게 맞지 않았고, 오히려 늦은 취침과 늦은 기상이 맞는 아이였던 거예요. 그 기본기를 잡고 보니, 문제가 서서히 해결되기 시작했어요. 꾸준히 교육한 결과, 이든이는 현재 밤 9시에 잠들어서 아침 8시에 일어나는 아이가 되었습니다."

어떤 아이들은 생체시계 리듬이 늦은 기상, 늦은 취침으로 맞춰졌을 수도 있답니다. 하지만 밤잠은 매우 늦은 시간에 들어가고 아침에는 이른 기상을 한다면 아이의 총 수면 시간에 영향이 있겠죠.

그럴 때는 밤잠을 하루에 5~15분씩 서서히 당겨보세요. 오늘은 12시에 밤잠이 들어갔다면, 내일은 11시 45분, 그 다음날은 11시 30분, 이런 식으로 당겨보는 거예요. 이 스케줄에 맞춰서 아침 기상도 함께 당겨서 맞춰줘야 하는 점, 알고 계시죠? 12시간의 법칙을 지켜야 하니까요. 자, 밤잠도 깔끔하게 정리해드릴게요.

밤잠 취침시간 잡는 방법

1. 아침부터 적어도 12시간 깨어 있기(12시간 안에 수유, 낮잠, 모두 포함)
2. 아이의 평균 밤잠 시간 계산해보기
3. 3개월 미만인 경우, 밤잠 길이 11~12시간 정도를 목표로 잡고, 3개월 이후부터는 밤잠 10~12시간 사이가 된다면 정상입니다.

5장

개월별 수면 교육 스케줄

수면 교육 준비하기

수면 교육 구체적인 목표 정하기

앞서 수면 교육을 왜 하는가에 대해 고민해보셨다면 이제 본격적인 교육에 들어가기 앞서 우리 가정에 맞는 수면 교육의 목표를 정할 단계입니다. '수면 교육'의 본래 목표는 아이가 스스로 편안하게 잠드는 습관을 만드는 것이지만, 이 본질적인 목표가 모든 가정에 동일하게 적용되지 않을 수도 있어요. 모든 아이가 다 다른 것처럼 양육자가 목표하는 바와 만족 정도가 다를 수 있겠지요.

어떤 가정은 부모의 개입 없이 분리수면을 하면서 스스로 자는 습관을 만들어주길 원할 수도 있고, 어떤 부모님들은 재우는 것을 선택할 수도, 침대를 공유하는 것을 선택할 수도 있습니다.

수면 교육의 목표를 정하는 게 쉽지 않습니다. 누구나 아이와 "안녕~

잘 자!" 인사하고 웃으며 잠들었으면 합니다. 하지만 현실은 울음이 동반될 수밖에 없는 수면 교육이 너무 힘들죠. 그런 분들은 단계별 목표를 정해두고, 점진적으로 한 단계씩 해나가셔도 좋습니다. 모든 단계를 해내지 않아도 괜찮다는 마음으로, 최종 목표를 정해주세요. 예를 들어 우리 아이는 젖을 물고 자는 아이라고 가정해볼게요. 그럼 목표 설정은 다음과 같이 해보는 건 어떨까요?

- 첫 번째 목표, 젖 물리고 재우지 않기
- 두 번째 목표, 안아 재우는 것에서 누워 자는 습관으로 바꿔주기
- 마지막 목표, 스스로 잠드는 습관 만들기

혹시 '세 번째 스스로 자는 습관 만들기'를 원하지 않는다면, 안아서 재우지 않는 것이 최종 목표가 될 수도 있습니다.

사랑스러운 우리 ○○에게 꿀잠 선물하기!

우리 가정의 수면 교육 목표는 무엇인지 아래에 적어주세요.

수면의식 세팅하기

낮잠 수면의식

낮잠 수면의식은 5분 내외가 적당합니다. 낮잠 수면의식이 이것보다 훨씬 길어야 한다면 아이가 분리불안이 심한 경우입니다(보통 7~8개월 이후). 수면의식 순서는 항상 동일하게 해주세요.

수면의식 장소는 아이가 자는 방이 적절합니다. 방에서 불가능하다면, 거실도 괜찮습니다. 굳이 아이 침대에서 해줄 필요는 없습니다.

낮잠은 깨어 있는 시간에 맞춰 낮잠 수면의식을 끝내주세요. 동화책을 읽어주거나 자장가를 불러주거나 머리를 쓰다듬는 등의 방법을 추가해도 좋습니다.

수면 교육 초반, 수면의식을 시작할 때 아이가 많이 울 수 있어요. 특히 수면의식을 시작하거나 방 안에 들어갔을 때 보챌 수 있습니다. 정상적인 반응이고, 초반 1주일 전후반이 가장 피크일 수 있습니다. 아이가 수면의식 중에 너무 힘들어 하거나 많이 울면, 나오지 마시고, 수면의식 동안 방에서 조금 더 시간을 보내도 괜찮습니다.

추천하는 낮잠 수면의식 예시를 설명드릴게요.

각자 상황에 맞춰 변형해주셔도 당연히 괜찮습니다. 하지만 매일 나의 선택에 의해서 수면의식을 바꾸진 말아주세요. 기억해야 할 점은 수면의식을 통해 아이와 소통하는 시간입니다. 이 행동이 끝나면, 다른 어떤 행동이 나올 거고, 맨 마지막에 '잠이 올 거야'라는 것을 알려주는 행위입니다. 아이는 엄마와 말이 통하지 않기 때문에, 매일 반복되는 행동을 통해서 아이는 그 다음 행동을 예측할 수 있고, 그 행동을 예측하면서 편안함과 안정감을 느낍니다.

낮잠 수면의식 예시

- 기저귀 갈기
- 낮잠 잘 시간이라고, 사랑한다고 얘기해주기
- 스와들이나 수면조끼 입히기
- 백색소음 켜주기
- 불 끄고 나오기

밤잠 수면의식

밤잠 수면의식은 40~50분 정도가 적당합니다. 최대 한 시간을 넘지 않도록 해주세요. 낮잠 수면의식은 5분 내외로 짧으나, 밤잠 수면의식은 낮잠 수면의식보다 조금 더 길고, 밤잠 들어가기 전에 목욕을 하거나, 차분하게 조용한 놀이를 하는 등 행동이 포함되어 있습니다.

밤잠 수면의식 역시 낮잠 수면의식처럼 아이가 자는 방에서 해주면 됩니다. 밤잠 수면의식은 취침 40~50분 전에 시작해주세요. 모든 루틴의 속도는 부모님마다 다르지만 최대 한 시간이 넘지 않도록 해주세요.

밤잠 수면의식 예시

- 목욕
- 로션
- 밤 기저귀, 옷 입히기
- 마지막 수유 시작

  (혹시 아이가 졸거나, 멍하나요? 그렇다면 목욕 전에 수유해주세요.)
- 스와들, 수면조끼 입히기
- 트림 및 자장가 혹은 책 읽어주기
- 백색소음 켜주기
- 불 끄고 나오기

아기가 좋아하는 다른 조용한 놀이나 평소에 해주던 수면의식이 있다면(예를 들면 오일로 다리 마사지하기) 원하는 대로 대체해서 시행하면 됩니다.

수면의식의 핵심은 같은 루틴을 순서대로 매일 동일하게 해주는 데 있습니다. 중간에 수면의식이 끊기거나, 시간이 남아서 외출을 하거나, 놀게 하지 말아주세요. 목욕 후 바로 2번, 바로 3번, 이렇게 바로바로 진행되어야 합니다.

수면 교육 방법 선택하기

수면 교육 방법에는 강도에 따라 수십 개의 다른 방법이 있습니다. 교육 강도가 순하면 순할수록, 양육자의 체력과 시간, 노력은 더 걸릴 수 있다는 점을 참고해주세요.

기질적으로 달래는 것을 쉽게 받아들이지 않는 아이들이 있습니다. 이 방법이 맞지 않는다고 해서, 우리 아이는 수면 교육이 되지 않는다고 생각하면 안 됩니다. 기본적으로 울음이 없는 방법을 우선 시행해보고, 그럼에도 불구하고 다음 수면 교육 방법이 되지 않는다면 그때는 1:1 수면 컨설팅을 추천드립니다.

제일 많이 사용하는 쉬닥법, 안눕법, 퍼버법과 점진적으로 잠연관 없애기에 관해 설명드리겠습니다. 이 방법 중에 어떤 것을 선택할지는 아이 개월 수, 아이가 어떤 행동에 울음을 그치는지 고민해보고 결정해주세요.

쉬닥법

《베이비 위스퍼》 저자 트레이시 호그Tracy Hogg로 인해 알려진 방법입니다. 쉬닥법은 말 그대로 쉬~ 소리를 내면서 토닥이는 방법입니다. 아이를 침대에서 꺼내지 않고 진행합니다. 침대에서 울면 바로 달래주는 거죠. 아이를 옆으로 돌리고, 아기의 등 중앙 부분(허리로 내려가진 말아주세요)을 적당한 힘과 동일한 리듬으로 토닥이며 쉬~ 소리를 내고, 아이가 잠들려는 순간 멈춰야 합니다. 쉬닥법은 아이를 재우는 방법은 아닙니다. 수면 교육은 아이가 '스스로' 잠드는 과정이기 때문에, 쉬닥법은 잠들기 직전까지만 허용된다는 점을 알려드립니다. 이 방법은 생후 6개월 미만까지 추천드립니다. 그 이후에는 너무 자극적으로 받아들이는 아이들이 있기 때문입니다.

안눕법

이 방법도 트레이시 호그에 의해 알려졌습니다. 말 그대로 안았다가 눕히는 방법입니다. 우선 쉬닥법을 사용한 이후에 그다 효과가 없을 때 시도해보는 것을 추천드립니다. 생후 3개월 이후, 최대 8개월까지 시도해볼 수 있지만, 안눕법을 거절하는 아이들도 있습니다. 안아주는 것을 자극적으로 느끼는 아이들은 안눕법이 잘 통하지 않습니다. 안눕법은 양육자의 체력이 많이 소모됩니다. 두 명의 양육자가 있다면 순번을 바꿔가면서 하는 것을 추천드립니다. 아이가 울면 우선 토닥이다가 그래도 울음이 그치지 않을 때 안아주세요. 안아주면서 '자는 시간이야'라는 간단 명료한 문장을 반복적으로 얘기해주고, 아이가 진정되면 다시 내려놓는 방법입니다.

점진적으로 잠연관 없애기

앞에서 말씀드린 쉬닥법이나 안눕법이 아예 효과가 없는 경우에 이 방법을 사용할 수 있습니다. 아이가 자기 위해 필요한 준비물을 생각해보고, 그 준비물을 하나씩 서서히 끊어보는 방법도 있습니다. 굉장히 느린 교육 방법으로, 아이의 잠연관 집착 강도와 개수에 따라 시간이 2주에서 한 달 전후반으로 소요될 수 있습니다. 잠들기 직전에 그 잠연관을 사용하지 않는 방법으로, 예를 들어 짐볼을 튕기면서 재운다면, 결과적으로 아이가 잠이 들 당시에는 그 짐볼을 튕기면서 잠드는 것이 아니라 스스로 잠들 수 있도록 만들어주는 교육 방법이라고 생각하면 됩니다.

지금까지 알려져 있는 순한 교육 방법을 알아보았습니다. 이제는 부모님들이 셀프 수면 교육을 할 때 많이 사용하는 퍼버법을 알려드리겠습니다.

퍼버법

퍼버법은 점진적으로 울음을 더 오랫동안 기다리고, 달래는 방법이나 시간, 행동이 제한적이면서 효과적인 교육 방법입니다.

조금 자세히 말씀드릴게요. 퍼버법은 적어도 6개월 이후에 사용을 추천드립니다. 정말 빠르다면 3개월 이후부터 시도할 수도 있습니다. 퍼버법은 1일차에는 기다리는 시간이 1분 정도로 시작합니다. 이후에는 기다리는 시간이 매일 추가됩니다. 예를 들면, 다음 날은 3분, 그 다음 날은 5분, 이런 식으로. 아이가 울더라도 기다려야 하는 길이가 계속 길어지게 되죠. 그리고 기다림이 끝나고 들어가서 개입하는 행동은 최소한으로 해야 합니다.

3개월 미만의 아이 부모님께서 퍼버법으로 교육한다고 해서, 아이의 정서 발달이나 애착에 문제가 생기지는 않습니다. 하지만 아이가 3개월 미만인 경우, 스스로 울음을 컨트롤하는 능력이 많이 부족하기 때문에 교육 방법 자체를 어린 개월수 아이들에게는 추천하지 않습니다.

퍼버법의 장점은 아이의 수면 교육 효과가 매우 빠르게 나타난다는 점입니다. 앞서 소개드렸던 '울음 없는 교육'보다는 훨씬 효과적으로 보입니다. 양육자가 울음을 잘 견디는 편이고, 빠른 교육 효과를 원한다면 퍼버법을 추천드립니다.

단점은 아이가 우는데 부모가 아무것도 할 수 없다는 생각, 초보 부모로선 '지금 맞게 하고 있나?'라는 죄책감이 들 수 있다는 점입니다.

어떠한 교육 방법을 선택하더라도, 전혀 문제가 없으니 위 정보를 바탕으로 우리 아이, 우리 가정에게 맞는 교육 방법을 선택해주세요.

최근 셀프 수면 교육을 진행하면서 퍼버법을 선택하는 부모님들이 많아지기 시작했고, 울리면 절대로 안 된다는 부모님들 사이에서는 퍼버법을 선택한 것 자체가 '정말 넌 독하구나, 넌 아이를 키울 자격이 없어'라는 날선 비판이 댓글로 달리기도 합니다. 사실 퍼버법을 선택하건, 더 순한 교육 방법을 선택하건, 아이를 가장 사랑하고 아끼는 사람은 날선 댓글을 단 사람이 아니라 나 자신임을 꼭 기억해주세요.

먹놀잠에 따른 개월별 수면 교육 스케줄 계획하기

슬베베 수면 스케줄표

생후 0~30일 하루 스케줄

신생아 이름표를 떼지 못한 우리 아기, 늘 어둡던 엄마 자궁 안의 환경에서 세상으로 나온 지 얼마 되지 않아 낮과 밤의 구분이 어려울 수 있어요. 눈을 뜨고 활동하는 시간 없이 먹을 때도, 먹고 나서도 계속 자고 있다고 할 만큼 잠이 많을 시기에요. 생체리듬이 아직 발달하지 않을 시기에 아이가 자연스럽게 낮밤을 구분하길 기다리는 것이 아니라 아이의 생체시계에 맞춰 엄마가 도와줘야 합니다.

이 시기의 아이는 '왕'입니다. 하루에 한 번 정도 아이의 베시넷(아기 요람) 또는 아기 침대에 눕혀 등 대고 자는 것을 시도해주세요. 아이가 불편해하고 싫어한다면 괜찮습니다. 품에서 잠드는 아기라면 아기를 잠든 채로 아기 침대에 눕혀주는 것 정도로도 충분합니다. 이제 막 세상 밖으로 나온 아이는 A부터 Z까지 부모의 도움을 필요로 합니다.

수유 형태에 따라 텀이 더 짧아지더라도 괜찮습니다. 이 시기에는 수유 텀을 과하게 컨트롤하는 것은 추천드리지 않아요. 우리 아이가 잘 먹는 아이인지, 잘 먹지 못하는 아이인지, 게우는 아이인지, 수유할 때 빠는 힘이 충분한 아이인지, 모유수유는 원활하게 진행되는지, 유축이나 모유 양은 충분하게 늘고 있는지 맞춰가는 시기입니다. 통상적으로 모유수유는 2시간 텀이라고 하지만, 아이가 원할 때마다 물려주는 것을 많은 전문가들은 추천합니다.

분유수유 아기는 2.5~3시간 텀을 추천하나 아이의 수유 욕구에 맞춰서 진행해주세요. 정말 잘 먹는 아이가 있을 것이고, 어떤 아이는 먹이는 것 자체가 힘들 수 있습니다. 아이와 호흡을 맞춰가는 시기라고 생각해주세요.

수유 형태와 관계없이 엄마와 아이가 많은 것을 맞춰가며 배우고 알아가는 시기입니다. 아이에게도 모든 것이 낯설고 새롭고 어렵겠지만, 출산을 이제 막 겪은 엄마 몸도 회복 시간과 적응이 필요합니다. 스트레스는 몸의 회복을 더디게 하고, 모유 생성에도 방해가 될 수 있습니다.

생애 첫 1~2주에 수유 텀 2.5~3시간을 지키는 아이들보다 못 지키는 아이들이 훨씬 더 많을 거예요. '젖 먹던 힘을 다해'라는 말 들어보셨나요? 아이가 태어나 가장 처음 해야 하는 기본적인 것임에도, 큰 힘을 들여 노력해야 할 수 있다는 말이겠지요. 그만큼 아이는 힘든 일을 해나가고 있으니, 이 시기의 주어진 가이드는 아이와 엄마가 맞춰가는 그 시기를 조금 더 수월하게 할 수 있는 기준이고 참고할 수 있는 예시라고 생각해주세요.

낮과 밤 구분이 어려운 아이라면? 낮에는 먹고 나서도 아무리 깨워도 계속 자고, 새벽에는 이유 없이 몇 시간을 울기도 하고 수유, 기저귀 등 불편함을 해결해주어도 긴 시간 못 자고 마치 낮 시간처럼 활동하려는 모습이 보일 거예요.

아이가 기본적인 생존 욕구를 위해 요구하는 행동에 즉각적으로 반응해주면, 그런 행위 자체에서 아이와 양육자의 상호관계가 형성됩니다. 수유 시 혹은 놀 때 아이에게 말을 걸고, 아이와 잦은 신체 접촉으로 교감해주세요. 신생아의 정서 안정과 발달을 돕는 육아법인 '캥거루 케어'는 태어나서 조리원에서부터 집에 와서까지 엄마와 아빠가 번갈아 가며 자주 해주세요.

긴 시간이 아니더라도 아이가 눈 뜨고 활동할 시간에는 끊임없이 상호작용해주면서 교감해주세요. 아이는 계속 성장하고 발달하는 존재입니다. 매일 눈 뜨고 있는 시간을 기다릴 만큼 아이는 어리지만, 점차 교감하고, 상호작용하고 활동하는 시간이 늘어남에 따라 온전히 깨어 있는 시간이 천천히 늘어나게 될 거예요.

아이는 아직 목의 힘이 많이 없는 시기입니다. 하지만 터미타임은 하루에 조금씩 신생아 때부터 시작해주세요. 엄마, 아빠의 품에 비스듬히 기댄 채로 터미타임을 진행해주세요. 목의 힘을 기르는 데도 도움이 되며, 아이는 양육자의 품 안에서 정서적 안정감을 느낍니다.

흑백 초점책과 모빌을 준비하셨다면, 아이가 하루에 1~2회 5분 이내의 짧은 시간이라도 노는 시간을 갖게 해주세요. 아직 시각이 많이 발달되지 않은 상태입니다. 하지만 침대에 모빌이나 초점책을 두는 것은 추천드리지 않습니다. 신생아 시기에는 낮과 밤 구분을 위해 다음 체크리스트를 확인하고 아이의 생체리듬 시계를 맞춰주세요.

낮과 밤 구분을 위해 생체리듬 시계 맞추는 방법

- 비타민 D 섭취하기
- 하루에 한 번 꼭 햇빛 보기
- 낮 시간 자연스러운 생활소음에 노출해 생활하기
- 낮 시간에는 밝게, 밤 시간에는 어둡게 수면하기
- 낮 활동시간에는 짧은 시간이라도 깨어 있게 하기

신생아 시기에는 '먹고-놀고-자고' 하는 먹-놀-잠 루틴이 아직은 어려울 수 있습니다. 계속해서 자려고 하는 시기이므로 할 수 있는 활동도 매우 한정적이며, 아이의 규칙적인 스케줄을 잡는 것 자체가 많이 힘들 수 있습니다.

잠

아이를 일부러 울게 할 필요가 없습니다. "등 센서가 달렸나… 아기 침대가 문제인가…" 고민하지 않아도 괜찮아요. 아이는 모든 게 무섭고 낯설 수밖에 없으니 아기가 왕인 이 시기에는 아이가 원하는 대로 도와주세요. 물론 아이가 누워 자는 걸 불편해 하지 않는다면 누워 자는 것이 당연히 좋겠죠. 하지만 먹고 놀고 자는 것에 대해 어떤 것이든 '무리해서 시도'할 시기는 아닙니다.

생후 0일부터 30일차 아기 수면 교육을 위한 체크리스트

- 한번 아이가 깨어 있을 수 있는 시간은 최소 35분에서 최대 60분! 이 시간마다 잠을 자야 해요.
- 낮 시간 계속 자려고만 할 거예요. 활동하는 시간이 거의 없거나, 길지 않아요. 먹놀잠이 되지 않아요. 거의 먹고 자는 패턴이에요.
- 수면 교육을 아직 할 시기가 아닙니다. 신생아 시기에는 우리 아이가 왕이라는 것을 기억해주세요. 아이가 필요로 하는 대로 들어주고, 기본적인 요구에 즉각 반응해주세요.
- 수면의식을 만들어주세요. 수면의식은 신생아 시기부터, 아이가 커도 계속해서 유지할 건강한 수면 습관의 기본입니다.
- 아이가 스스로 자지 않아도 괜찮아요. 우리 아이가 품에서 잠이 들었다면, 잠든 아기를 아기 침대에 눕혀주는 것으로 충분해요. 하루에 한번만이라도 침대에 눕혀서 재우는 연습을 해줄 수 있지만, 안 돼도 괜찮습니다.

- 평균 9~10시 기상, 취침이 이루어지는 시기입니다.
- 낮잠+밤잠의 하루 평균 총 시간은 14~17시간입니다.
- 모로반사가 있는 시기에요. 스와들 제품을 추천드려요. 아이가 답답해 하는 것 같고, 스와들 때문에 불편해 잠을 못 잔다고 느낄 수 있어요. 하지만 스와들업을 입어서 그런 건 아닙니다. 아이의 모로반사를 잡아주는 것은 너무나도 중요해요. 자꾸 놀라 잠을 깊이 자기가 어려우니까요.

신생아 생후 0주~4주에 참고할 수 있는 스케줄 표를 알려드릴게요.

무조건 이 스케줄대로 일과를 운영해야 하는 것은 아닙니다. 신생아 시기의 아이들이 할 수 있을 만한 스케줄일 뿐입니다. 육아에는, 우리 아이 잠에는 '무조건'이라는 것은 없습니다. 특히 신생아라면 출생 시기나 먹는 양에 따라서도 혹은 깨어 있는 시간 및 낮잠을 자는 길이 등에 영향을 많이 받을 수 있습니다.

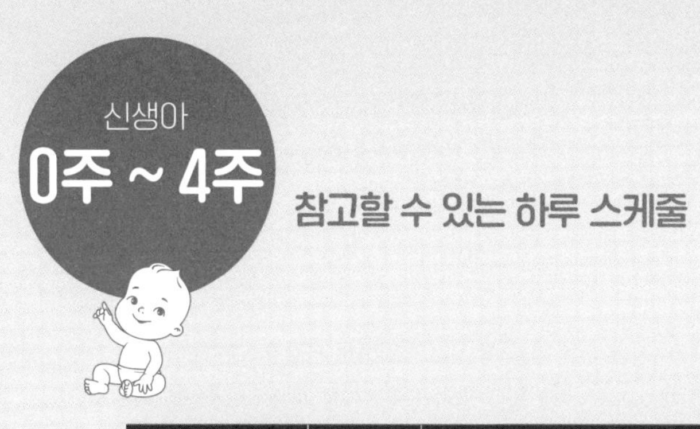

참고할 수 있는 하루 스케줄

일과	시간	주요 활동
아침 기상	9:00	비슷한 시간에 하루를 시작하는 것이 하루 일과를 규칙적으로 만드는 첫걸음입니다. 하지만 신생아 시기에는 규칙적인 하루 스케줄을 기대하기는 어렵습니다. 만약 기상시간 한 시간 전인 8시대에 일어난다면 하루를 시작해도 괜찮습니다. 하지만 밤잠을 훨씬 늦은 11~12시에 자고, 오전 6~7시대에 일어난다면, 기저귀를 갈고 수유를 해주세요. 바로 직전에 한 새벽수유 시간을 보시고 수유 텀(2~3시간)이 되었다면 평소에 먹이는 양과 비슷하게 줘도 괜찮습니다. 이 시기에는 새벽수유량을 많이 줄인다거나 더 적게 준다거나 무리하게 조절할 필요가 없습니다. 수유를 하고 다시 잠들었다면 목표했던 기상시간인 9시에는 깨워 하루 일과를 시작해주세요.
수유1 (먹는 것= 노는 것)	9:10	일어나자마자 바로 수유를 하는 것이 아니라, 조금 시간을 주세요. 햇빛이 들어오도록 커튼도 걷고, 방에서 나오면서 인사도 하고, 스트레칭도 시켜주고, 기저귀도 갈아주세요. 만약 아이가 너무 배고파 한다면 기상 후에 커튼을 걷고 기저귀만 갈아주는 것도 충분합니다. 이 시기에는 먹는 것 자체가 노는 것이므로 아침 기상을 알리는 밝은 환경을 제공하는 것과 기저귀를 가는 것으로도 충분합니다. 깨어 있는 시간이 짧으면 30분에서 길어도 60분인 이 시기에는, 수유를 마치면 자야 하는 시간이므로 먹(놀)-잠의 형태와 가깝습니다.
낮잠1 예시 (먹=놀->잠)	9:35~ 11:35	매 먹(놀)-잠의 루틴을 이해하기 위해 낮잠 부분을 넣어 두었습니다. 아이는 평균 20분~2시간의 낮잠을 잡니다. 최소 2시간에서 최대 3시간의 수유 텀을 지나지 않게 기저귀를 갈고 수유를 진행해 주세요.

수유2 (텀2:35) = 놀이	11:45	예시에 적힌 수유 텀을 매 시간 동일하게 지킬 필요는 없습니다. 아이가 예시의 수유 텀을 지키기 어려워할 때는 더 당겨질 수도 있겠지요. 최소 2시간에서 최대 3시간까지 지키는 걸로 충분합니다. 신생아 시기에 가장 큰 실수는 '스케줄에 스트레스 받는 것'입니다. 이 시기는 많은 것들을 엄마와 아이가 맞춰가는 시기이므로, 몸은 피로하더라도 아이를 사랑으로만 바라봐주세요. 먹는 속도가 평균보다 더 느린 아이들도, 혹은 더 적은 아이들도 있습니다. 회복을 위해 아이의 수유시간 외에는 새벽 시간을 위해서라도 어머님이 함께 낮잠을 주무시고, 체력을 보충하면서 휴식을 취해주세요.
낮잠2 예시 (먹=놀)잠)	12:15~ 14:15	
수유3 (텀2:45) = 놀이	14:30	
낮잠3 예시 (먹=놀)잠)	15:05~ 16:00	
수유4 (텀2:30) = 놀이	16:30	
낮잠4 예시 (먹=놀)잠)	17:00~ 18:20	
수유5 (텀2:00) = 놀이	18:30	
낮잠5 예시 **(먹=놀)잠)**	19:20~ 20:00	목욕 및 수면의식을 하기 전 시간이 많이 남아 아이가 피로해 할 수 있어요. 20분도 좋고 40분도 좋습니다. 짧게라도 잘 수 있게 낮잠 시간을 주고 아이가 과하게 피곤해지지 않도록 해주세요.
목욕	20:10	제대탈락이 된 이후, 목욕 루틴을 밤잠 수면의식으로 넣어주세요.
수유6 (텀2:00) = 놀이	20:30	밤잠 수면의식을 루틴대로 하면서 수유를 진행해주세요. 취침시간 전 마지막 수유는 다른 수유 때보다도 더 졸려해 자면서 먹고 바로 취침으로 들어갈 가능성이 매우 큽니다. 마지막 수유 기점으로 기상시간까지 2~3회 새벽수유가 이루어질 수 있습니다. 생후 한 달 동안은 24시간 동안 8~10회 수유를 하게 됩니다.
취침	21:00	

* 먹-놀-잠이 되지 않는 시기로 '먹는 것=노는 것'입니다. 목표는 최소 2시간에서 3시간의 수유 텀이 포인트입니다.

생후 30~59일 하루 스케줄

아직은 몸에서 생체리듬 시계가 정확하게 발달되지 않은 시기이고, 먹놀잠은 힘든 시기가 맞습니다. 정확한 밤낮 구분은 힘든 상태입니다. 하지만 신생아를 졸업한 시기라 새벽에 탈수가 걱정되어 자는 아이를 깨워서 새벽수유를 할 필요는 없다고 전문가들은 종종 얘기합니다. 항상 기억해야 할 것은 아이의 새벽수유 횟수나 양은 아이의 키, 몸무게, 성장발달 곡선, 모든 것을 상담해주시는 소아과 선생님이 조언해주셔야 하는 부분입니다. 아이가 생후 5주가 되었는데도 몸무게가 늘지 않는다면 전문가의 조언에 따라 아이를 깨워서 새벽에 먹일 수도 있다는 점을 참고해주세요. 이 시기에는 대부분 새벽수유가 존재합니다.

먹놀잠 패턴은 생후 6주부터 서서히 발달됩니다. 아이가 먹으면서 조금씩 깨어 있을 수 있도록 천천히 노력하되, 스트레스는 받지 마세요. 모유수유가 아직 자리 잡히지 않았다면 모유수유 전문가와 상의해주시고, 모유/분유/혼합을 하더라도, 지금은 아이가 요구할 때마다 낮과 밤, 새벽에 주셔도 괜찮습니다. 대신 총량에 대해서는 소아과 선생님과 상의해주세요.

터미타임, 엄마와 시간 보내기, 햇빛 보고 밤낮 구분해주기 등등 다양한 자극을 줄 수 있도록 노력해주세요. 아직은 시력과 청력이 발달하기 전이에요. 몸의 소, 대근육도 많이 미숙할 시기여서 손과 발을 다루는 것도 어려울 뿐더러 인식하기도 어려운 시기에요. 허공을 보며 미소를 짓기도 하고 응시하는 것 같아 보일 때도 있으나, 무언가를 자세하게 볼 수 있어서라기보다는 '무언가가 있다' 정도로 사물의 형태를 어렴풋이 인식하는 정도입니다.

연세대학교 아동가족학과 학사·석사를 전공한 최지예 놀이전문가(인스타그램 플레이차니 @play._chani)는 이 시기에 우리 아이와 할 수 있는 놀이를 다음과 같이 설명했습니다.

기본적으로 보고 듣는 능력이 완전히 발달하지 않았으니 놀이가 불가능할 거라고 생각하는 경우가 많아요. 하지만 매일 보고 듣는 양육자의 행동과 소리에 충분히 반응하고 놀 수 있는 시기에요. 아직 '잘' 하지 못하는 것뿐입니다. 이 시기에 아이와 함께 할 수 있는 활동들을 소개해드릴게요.

1. 양육자의 품에 안겨 터미타임을 열심히 진행해주세요. 아이의 목 근육이 아직 발달되지 않아 항상 안을 때도 목부터 받쳐 안아주셔야 할 만큼 아이의 목 근육은 발달되지 않아 연약합니다. '이렇게 어린 아이가 터미타임을 할 수 있을까?' 생각하시겠지만 품에 안고 비스듬하

게 기대 누워주세요. 아이가 목을 들고 가누려는 모습에 놀라실 거예요. 품에서 연습하다 조금씩 고개를 가누게 되면 바닥에 내려놓고 연습시켜주세요. 아직 목에 힘이 없어, 딱딱한 바닥에 내려두고 터미타임을 하기에는 고개가 확 떨어질 수 있으니 옆에서 목을 받쳐줄 준비를 하고 진행해주세요.

생후 3개월 이전 아이는 1~2분씩만 엎어 놓아도 대근육 운동 발달에 도움이 되며, 대근육 연습은 아이의 신체적 발달과 두뇌 발달에도 도움이 됩니다. 다만 아이가 힘들어하는데 처음부터 무리해서 시키지는 마세요. 처음에는 10초에서 30초, 1분, 2분으로 차차 시간을 늘려가고, 횟수도 하루 1~2번에서 3~4번 이상으로 늘려 아이가 터미타임에 적응할 시간을 주어야 합니다.

2. 아이의 정서 안정을 위해 신체 접촉 놀이를 진행해주세요. 오감 중에서 촉각은 가장 먼저 발달하며, 아이는 신체 접촉에 섬세하게 반응하며 정보를 받아들이기 때문에 신체 접촉을 충분히 해주는 것이 정서와 두뇌 발달에 좋습니다. 시간이 날 때마다 캥거루 케어를 진행해주세요. 아이와의 신체 접촉으로 양육자의 신체에서는 사랑 호르몬인 '옥시토신'이 분비되어 산후 회복과 우울증에도 도움이 됩니다. 베이비오일이나 로션으로 베이비 마사지를 해주는 것도 하나의 방법입니다. 엄마 아빠 목소리를 들려주며 눈을 맞추고, 아이 몸을 이완시켜주면서 상호작용하며 정서적 안정감을 줄 수 있습니다.

3. 색 구분을 아직 못하고, 시력이 좋지 않은 시기이므로 흑백 모빌, 흑백 초점책 등을 이용해 아이의 시각 발달을 위한 놀이를 진행해주세요. 하얀색과 검정색의 대비가 확실한 흑백 초점책은 어렴풋이 사물의 형태와 경계를 인지하는 이 시기 아이의 발달사항에 적합하며, 눈의 초점을 맞춰주는 등 시각 발달에 도움을 주는 좋은 놀잇감입니다. 초점책, 모빌의 거리는 아기 측면을 번갈아가며 20~30cm 거리를 유지해주세요. 터미타임을 하며 초점책을 집중해서 본다거나, 누워서 초점책을 보고 있는 아이에게 양육자의 음성으로 '동그라미, 세모, 네모' 등 청각 자극도 동시에 줄 수 있겠지요. 흑백 모빌 역시 초점책과 같습니다. 아이가 누워 모빌에 달린 물체의 형태를 보며 놀이시간을 보낼 수 있어요. 소리가 나는 흑백 모빌을 달아주면 시각뿐만 아니라 청각 자극도 줄 수 있습니다.

생후 6주(42일 이후)부터 서서히 수면 교육, 즉 스스로 누워서 잠드는 연습을 시작할 수 있어요. 잠 체크리스트를 몇 가지 소개해드릴게요.

- 깨어 있는 시간은 최소 60분에서 최대 75분!
- 낮, 밤 구분이 여전히 힘들 거예요. 낮에는 밝게, 밤에는 어둡고 조용하게! 낮에 햇빛을 많이 보는 것은 낮밤 구분에 매우 도움이 됩니다.
- 수면의식은 낮잠, 밤잠을 계속 진행해주세요.

- 아이가 울면서 잠들기 힘들어 한다면, 하루에 한 번만이라도 눕혀서 침대에서 잘 수 있는 연습을 지속적으로 해주세요.
- 낮잠은 하루 최대 6시간이 넘어가지 않는 것을 추천드립니다.
- 4주 이후부터는 아침 기상은 9~10시가 적정하고, 밤잠 취침은 9~10시가 적당합니다. 이 시간 범위를 벗어나도 전혀 문제는 없습니다. 아이가 11~12시간 정도 밤잠을 자고 있다면, 걱정하지 않아도 됩니다.
- 낮잠+밤잠의 하루 평균 총 시간은 14~17시간입니다.
- 모로반사는 아직도 심할 수 있어요. 스와들 제품 사용을 추천드려요.
- 쪽쪽이 사용을 추천드려요. 영아돌연사증후군 확률도 많이 낮춰주고, 아이의 빠는 힘도 길러주며, 침샘 분비가 원활해져서 소화 능력도 발달됩니다.
- 아이가 여전히 끙끙거리면서 자나요? 너무나 정상적이에요. 현재 아이의 잠 사이클은 '활동적인 수면active sleep'과 '깊은 수면deep sleep'으로 나뉘어 있습니다. 활동적인 수면 때는 수면주기가 매우 얕은 수면으로 올라오면서, 자면서 끙끙거리고, 움직이고, 매우 시끄럽고 뒤척이면서 옹알이나 울음도 있을 수 있답니다. 이 수면 사이클의 발달은 4개월 전후반에 오는 '수면퇴행'일 때 이뤄집니다. 그 전까지는 매우 얕게 자며, 끙끙거리고 시끄럽게 잘 거예요.

생후 42일부터는 낮/밤도 어느 정도 구분하기 시작하고, 서서히 먹고 바로 자지 않고 조금은 깨어 있는 아이로 변합니다. 그만큼 아이도 성장하고 있다는 증거겠지요. 낮/밤 구분을 한다는 것은 어떻게 알 수 있을까요?

- 예전처럼 낮에 먹고 바로 잠들지 않아요. 조금은 깨어 있기 시작합니다.
- 새벽에 일어나더라도, 먹고 바로 자는 경우가 많아졌고, 낮에는 조금 더 깨어 있어요.
- 6주 이전에는 뭔가 아침 기상이나 취침시간의 기준이 애매모호했는데, 이제는 서서히 감이 잡히기 시작합니다.
- 먹으면서 눈을 바로 감지 않고, 열심히 먹기 시작하거나 수유를 하다가 잠이 들더라도 깨우면 일어납니다.
- 낮잠 잘 때는 어둡게, 활동하는 낮에는 밝게, 밤잠은 어둡게 조용히 해주세요.
- 깨어 있는 시간이나 최대 낮잠시간은 앞에서 안내드린 바와 동일합니다.

아이들마다 성장 속도가 매우 다르기 때문에 꼭 생후 42일부터 이러한 변화가 일어나지 않을 수 있습니다. 먹놀잠이 어느 정도 가능해지고, 낮/밤 구분이 가능해지는 시기부터는 수면의식을 조금 더 열심히 해주시고, 깨어 있는 동안 다양한 자극과 놀이, 부모와의 교류를 집중적으로 해주세요. 1개월 아기에게 참고할 수 있는 스케줄표를 알려드릴게요.

30~59일 까지

참고할 수 있는 하루 스케줄

일과	시간	주요 활동
아침 기상	9:00	비슷한 시간에 하루를 시작해주세요. 고정되어 있을 필요는 없지만, 평균 기상보다 30분 전후반을 넘기지 않는 것을 추천드립니다. 만약 8시대에 일어난다면 하루를 시작해도 괜찮습니다. 하지만 밤잠을 9시에 잠들었는데 6~7시대에 일어난다면, 몇 분만 기다렸다가 기저귀를 갈고 수유해주세요. 수유량은 평소에 먹이는 양보다 반 정도 먹이는 것을 추천합니다. 수유를 하고 재우고, 아침에 9시에 깨워서 하루를 시작해주세요.
수유1 (첫수)	9:15	일어나자마자 바로 수유하는 것이 아니라 조금 시간을 주세요. 햇빛이 들어오게 커튼도 걷고, 방에서 나오면서 인사도 하고, 스트레칭도 시켜주고, 기저귀도 갈아주세요.
낮잠1	10:00~ 11:30	(깨어 있는 시간 60분) 수면의식을 10시에 시작하는 것이 아니라 이전에 수면의식이 끝나고 10시에는 아이를 눕히는 시간입니다.
놀기	11:35	데리고 나와서 기저귀를 갈아주고, 낮잠을 잘 잤다고 칭찬해주세요.
수유2	11:50	2.5~3시간 사이의 수유 텀으로 잡아보았습니다. 아이가 너무 배고파하면 당겨주셔도 괜찮습니다. 수유 후 트림을 시켜주세요. 생후 42일부터는 아이가 수유할 때 졸거나 멍하면 잠들지 않도록 말도 걸어주면서 깨워주세요.
낮잠2	12:35~ 14:00	모든 낮잠은 아이가 자연스럽게 30분~40분만 자고 일어나서 연장되지 않는다면, 깨어 있는 시간을 참고해서 다음 낮잠을 들어가도 괜찮습니다. 참고 스케줄은 정말 '예시'일 뿐이며, 아이를 이 시간에 끼워넣기 위해 보여드리는 것이 아닙니다.

수유3	14:20	놀먹놀잠을 해도 괜찮습니다. 먹으면서 자지만 않으면 괜찮아요.
낮잠3	15:10~ 16:10	아이가 일어나면 침대에서 놀게 하는 것이 아니라, 밝은 공간으로 데리고 나와서 기저귀를 갈아주시고 반가운 목소리로 맞이해주세요.
수유4	16:40	먹으면서 졸지 않도록 주의해주세요.
낮잠4	17:25~ 18:00	수면의식을 끝내고 눕혀줍니다. 밤으로 가면 갈수록 낮잠은 조금씩 힘들어지고, 아이가 칭얼거리는 현상이 있을 수 있습니다(마녀 시간).
수유5	18:40	집중수유(수유 텀 2시간) 양은 아이가 먹고 싶어하는만큼 줘도 괜찮습니다. 막수가 이 집중수유로 인해 적게 먹지만 않을 정도의 양을 주세요.
낮잠5	19:15~ 19:45	마지막 낮잠은 제일 잠들기 힘들어하고, 30~40분 정도 자는 것이 좋습니다. 낮잠5를 재우지 않는다면 밤잠까지 많이 피곤해할 수 있으니, 안아서라도 재워주세요.
목욕	20:25	수면의식의 첫 시작, 목욕을 시작해주세요. 밤잠 수면의식의 시작입니다.
수유6 (막수)	20:40	마지막 수유를 해주세요. 42일차부터는 수유를 할 때 눈을 감거나 멍하지 않도록 지속적으로 깨워주세요.
밤잠	21:00	(깨어 있는 시간 75분). 밤잠 수면의식을 끝내고, 아이를 눕혀 밤잠 입면을 준비합니다. 이후부터 일어나는 것은 아이의 리드에 맡깁니다. 부모가 새벽수유 시간을 과하게 컨트롤하지 마시고, 아이가 일어나면 몇 분 정도 기다렸다가 기저귀를 갈고 새벽수유를 준비해주세요.

* 수유 텀에 스케줄을 맞추는 것이 아니라, 아이가 깨어 있는 시간에 수유를 끼워 넣는 것이 키 포인트입니다.

 생후 2개월(60~89일) 하루 스케줄

아이는 점점 깨어 있는 시간이 늘어나면서 낮에도 활동량이 증가합니다. 아이가 점점 발달하는 상황들이 보입니다. 웃음 같은 것들이죠.

새벽수유 텀도 조금씩 길어집니다. 엄마와 아이도 수유가 점점 익숙해지며, 아이에게 뭔가 '패턴'이라는 것이 느껴집니다. 예전에는 새벽에 일관성이 없었다면, 엄마도 아이가 점점 파악되며 '보통 이때 일어나서 먹는구나~'라고 알게 됩니다. 많은 부모님이 이 시기에 '점점 통잠이 오는구나!'라고 생각합니다.

먹놀잠을 본격적으로 연습해야 합니다. 아이들은 조금씩 의식적으로 먹을 수 있어요. 아이가 잠들려고 하면 깨워가면서 먹여주세요. 보통 쭉~ 부모의 개입 없이, 수유 없이 자는 시기는 언제인지 궁금해하시는데요. 아이들마다 정말 다르답니다. 기본적으로 2개월 정도 되면 수유 없이 밤에 4~6시간 정도 잘 수 있다고 말합니다.

잠의 욕구가 더 크다면 6시간 이상 수유 없이 자는 아이들도 있으며, 수유 욕구가 더 큰 아이들은 4시간 미만이 될 수도 있습니다. 이렇게 아이들마다 너무 다르기 때문에 '몇 개월이면 12시간 자야 합니다'라는 말은 옳지 않다고 생각합니다. 모든 사람의 성격이 다르듯, 모든 아이들의 잠 욕구와 수유 욕구가 다릅니다. 그러므로 아이에게 맞는 스케줄을 찾아주는 것이 중요하며, 책에서도 잠깐 언급했듯이 맘카페에서 잘 자는 다른 아이와 우리 아이를 비교하지 마세요.

보통 이 시기에 수유 텀을 4시간으로 늘려주는 부모님들이 많습니다. 아이가 새벽수유가 있다면 추천하지 않습니다. 지금은 수유 텀을 늘리는 것이 더 중요한 게 아니라, 새벽수유가 있다는 것은 낮에 충분한 수유가 이뤄지지 않는다는 뜻이므로, 낮에 충분히 수유할 수 있도록 2.5~3시간마다 수유를 추천드립니다.

신체적으로 발달이 시작되면서 시력도 조금씩 발달됩니다. 모빌을 흑백에서 컬러 모빌로 바꿀 수 있어요. 주먹고기가 발달되는 시기에요. 낮에 활동하는 시기에는 손싸개는 빼주시고, 자유롭게 손을 탐색할 수 있는 기회를 주세요. 배냇짓이 서서히 사라지기 시작해요. 조금씩 사회화 미소가 발달되며, 양육자의 표정이나 행동에 반응하기 시작합니다. 터미타임은 강추합니다! 계속 누워만 있으면 두상 교정에도 힘들 수 있으니 낮에도 자주 터미타임을 시켜주면서 놀 때도 왼쪽, 오른쪽으로 고개를 돌려주세요.

연세대학교 아동가족학과 학사·석사를 전공한 최지예 놀이전문가(인스타그램 플레이차니 @play._chani)는 이 시기에 우리 아이와 할 수 있는 놀이를 다음과 같이 설명했습니다.

1. 양육자의 목소리를 많이 들려주세요. 동요나 자장가 불러주기, 오늘 하루 있었던 일 이야기 해주기, 책 읽어주기가 좋은 놀이가 됩니다.

엄마 아빠의 음성은 뱃속에서부터 아이에게 익숙하고 편안한 소리입니다. 재밌고 다양한 소리와 노래가 나오는 장난감이 많아도 양육자의 음성으로 아이에게 편안한 자극을 지속적으로 주는 것이 아이의 청각 발달, 정서 발달, 나아가 언어 발달에도 도움이 될 수 있습니다.

아이와 눈을 마주치며 노래를 들려주시고, 그림책을 보며 쉽게 읽어주고 아이 이름을 자주 불러주세요. 양육자의 목소리 외에는 생활소음인 비닐 부비는 소리, 콩이나 쌀 등이 담긴 통 흔들어주기, 물이 담긴 통 흔들어주기 등 심하지 않은 자극들로 아이의 청각 발달 놀이를 진행해주세요. 이때 들려주는 위치를 바꿔서 크게, 작게 혹은 길게, 짧게 여러 가지 방법으로 변화를 주어 다양한 자극을 주면 청각 발달에 더 좋습니다.

2. 아직 손을 입에 넣고 탐색할 시기는 아니에요. '나에게 손, 발이 있다고?' 인지조차 하기 어려운 시기죠. 아이 손에 엄마 손가락을 대면 아이가 꼭 잡고 있을 거예요. 아이가 손에 물건을 쥘 수 있도록 딸랑이나 엄마 손가락, 손수건 등을 쥐어주세요. 아이가 자는 시간에는 손싸개를 할 수 있겠지만, 노는 시간에는 아이 손을 자유롭게 해주는 것이 신체 발달에도 도움이 됩니다.

3. 따뜻한 물속에서 물놀이를 하는 것도 놀이가 될 수 있습니다. 아직 목을 잘 가누지 못할 시기이므로 목 튜브를 이용해 수영을 하는 것은 이를 수 있습니다. 38~40도 이내의 온도를 유지한 온수에서 아이와 함

께 시간을 보내면 긴장도가 높은 신생아의 근육을 이완시키고, 엄마 뱃속에서 있었던 환경과 비슷해 편안함을 느낄 수 있습니다.

2개월 아기 수면 교육을 위한 체크리스트

- 깨어 있는 시간이 점점 늘어나요. 최소 75분에서 최대 90분 정도로 늘어납니다.
- 낮잠은 최대 5시간! 하루에 총 5시간을 넘지 않게 해주세요.
- 기상시간은 평균 8~9시로 살짝 당겨지고, 밤잠 취침시간도 평균 8~9시로 조금씩 당겨져요. 기상시간이 예전처럼 9~10시에 시작한다면 유지해도 괜찮습니다. 아이에게 맞는 기상/취침시간으로 생활해주세요.
- 아직도 아이의 수면은 얕은 잠의 비중이 높아요. 낑낑거리면서 자는 것이 아직도 정상이에요. 깊은 잠 사이클이 좀 더 심층화되는 구간은 5~6개월 이후랍니다. 지금은 짧게 20~30분 정도 자는 것도 정상입니다. 짧게 깨어 있고, 짧게 낮잠을 자는 것이 정상인 개월 수이니, 무조건적인 낮잠 연장은 불가능할 수 있다는 사실을 명심해주세요.

2개월 아기의 하루 스케줄을 추천드려요.

참고할 수 있는 하루 스케줄

일과	시간	주요 활동
아침 기상	8:00	비슷한 시간에 하루를 시작해주세요. 고정되어 있을 필요는 없지만, 평균 기상보다 30분 전후반을 넘기지 않는 것을 추천드립니다. 만약 6시 30분~7시대에 일어난다면 하루를 시작해도 괜찮습니다. 하지만 밤잠을 8~9시에 잠들었는데 6시 30분 전에 일어난다면, 몇 분만 기다렸다가 기저귀를 갈고 수유해주세요. 수유는 평소에 먹이는 것보다 반 정도 양을 추천드립니다. 수유하고 재우고, 아침 8시에 깨워서 하루를 시작해주세요.
수유1 (첫수)	8:15	일어나자마자 바로 수유하는 것이 아니라 조금 시간을 주세요. 햇빛이 들어오게 커튼도 걷고, 방에서 나오면서 인사도 하고, 스트레칭도 시켜주고, 기저귀도 갈아주세요.
낮잠1	9:15~10:15	수면의식을 9시 15분에 시작하는 것이 아니라 이전에 수면의식이 끝나고 9시 15분에는 아이를 눕히는 시간입니다.
놀기	10:20	데리고 나와서 기저귀를 갈아주고, 낮잠을 잘 잤다고 칭찬해주세요.
수유2	11:00	2.5~3시간 사이의 수유 텀으로 잡아보았습니다. 아이가 너무 배고파 하면 당겨도 괜찮습니다. 수유 후 트림을 시켜주세요. 졸지 않게 해주세요.
낮잠2	11:35~12:40	모든 낮잠은 아이가 자연스럽게 30분~40분만 자고 일어나서 연장되지 않는다면, 깨어 있는 시간을 참고해서 다음 낮잠으로 들어가도 괜찮습니다. 위 내용은 '예시' 스케줄이지, 아이를 이 시간에 끼워넣기 위해 보여드리는 게 아닙니다.

수유3	13:30	놀먹놀잠을 해도 괜찮습니다. 낮잠 자기 20분 전에 수유를 마무리해도 괜찮아요. 먹으면서 자지만 않으면 됩니다.
낮잠3	14:00~ 15:00	아이가 일어나면 침대에서 놀게 하는 것이 아니라 밝은 공간으로 데리고 나와서 기저귀를 갈아주고 반가운 목소리로 맞이해주세요.
수유4	15:50	먹으면서 졸지 않도록 주의해주세요.
낮잠4	16:25~ 17:00	수면의식을 끝내고 눕혀줍니다. 밤으로 가면 갈수록 낮잠은 조금씩 힘들어지고, 아이가 칭얼거리는 현상이 있을 수 있습니다(마녀 시간).
수유5	17:50	(집중수유 수유 텀 2시간) 수유량은 아이가 먹고 싶어하는 만큼 줘도 괜찮습니다. 막수가 이 집중수유로 인해 적게 먹지만 않을 정도의 양을 주세요.
낮잠5	18:25~ 18:55	마지막 낮잠은 제일 잠들기 힘들어하고, 30~40분 정도 자는 것이 좋습니다. 낮잠5를 재우지 않는다면 밤잠까지 많이 피곤해할 수 있으니, 안아서라도 재워주세요.
목욕	19:45	수면의식의 첫 시작, 목욕을 시작해주세요. 밤잠 수면의식의 시작입니다.
수유6 (막수)	20:00	마지막 수유를 해주세요. 마지막 수유를 할 때 아이가 눈을 감거나 멍하지 않도록 지속적으로 깨워주세요.
밤잠	20:25	(깨어 있는 시간 90분). 밤잠 수면의식을 끝내고, 아이를 눕혀 밤잠 입면을 준비합니다. 이후부터 일어나는 것은 아이의 리드에 맡깁니다. 부모가 새벽수유 시간을 과하게 컨트롤하지 말고, 아이가 일어나면 몇 분 정도 기다렸다가 기저귀를 갈고 새벽수유를 준비해주세요.

* 수유 텀에 스케줄을 맞추는 것이 아니라, 아이가 깨어 있는 시간에 수유를 끼워 넣는 것이 키 포인트입니다.

생후 3개월(90~119일) 하루 스케줄

100일의 기적을 들어보셨나요? 아니면 100일의 기절을 맛보셨나요? 100일의 기적, 과학적인 근거가 있는 걸까요? 꼭 100일이 되면 통잠을 자야 하는 걸까요?

정답은 NO! 우리, 통잠에 집착하지 않기로 했죠? 아이가 준비되면 알아서 따라올 거예요. 하지만 그전에 제일 중요한 요소는 바로 '스스로 자기'라는 사실, 아직 잊지 않으셨죠?

아이가 스스로 자야 새벽에도 스스로 연장한다는 사실! 이걸 가르쳐 주지 않았다면, 100일의 '기절'을 맛볼 가능성이 조금 더 커진답니다. 왜냐하면 아이는 이제야 세상에 눈을 뜨기 시작했거든요.

조금 더 잘 보이고, 조금 더 잘 들리고, 조금 더 예민해지는 시기랍니다. 신체적으로는 낮/밤 구분을 정확하게 시작해서, 몸에서 생체시계 리듬이 정확하게 셋업되고, 멜라토닌 수면 호르몬이 본격적으로 생체시계에 맞춰서 분비되는 시기에요. 그래서 보통 이 시기부터는 아이들의 기상시간과 취침시간 세팅이 시작됩니다. 멜라토닌 수면 호르몬은 아이 몸에서 밤 7~8시에 폭발적으로 분비되기 시작하면서, 새벽 4시에 뚝 끊기며 신체에서는 아침을 준비하기 시작합니다. 그래서 매우 뒤척이고, 끙끙거리기 시작하지요. 3개월 아기의 부모님 10명 중 8명이 꼭 이렇게 말씀하세요.

"선생님, 저희 아이가 2개월 때는 8~9시간 통잠도 잤어요. 새벽수유를 안 하고 잔 적도 아주 가끔 있었죠. 하지만 갑자기 3개월이 되자마자 1시간마다 깨요. 저희 아이, 무슨 문제가 생긴 걸까요?"

아니요. 문제 있는 거 아닙니다. 정말 위 얘기는 너무 많이 듣는답니다. 부모님이 잘못해서 일어나는 일이 절대 아니라는 거죠. 아이도 청력, 시력이 발달되고, 부모가 지금까지 재우는 습관도 어느 정도 익숙해졌겠죠?

게다가 3개월은 급성장 구간, 유명한 원더윅스 기간이라 아이들도 많이 힘들어하는 시기입니다. 뒤집기도 시작할 수 있고, 스와들도 졸업해야 하니 매우 힘든 시기죠. 하지만 이 시기에도 수면 교육은 가능합니다. 세상에 눈 뜨기 시작했다고, 수면 교육이 안 되는 건 아니에요. 오히려 조금씩 올바른 수유 습관, 잠 습관을 기르는 것을 개인적으로 적극 강추합니다. 이 개월 수부터는 먹-놀-잠이 본격적으로 되는 시기입니다.

먹놀잠은 정확하게 되어야 해요. 본격적으로 연습해야 합니다. 더욱더 의식적으로 먹을 수 있어요. 아직도 먹을 때 졸려한다면, 깨워가면서 먹여주세요. 수유 텀을 4시간으로 늘리는 것은 아직도 추천드리지 않아요. 새벽수유가 없어진 아이들은 먹놀잠이 가능하다면 4시간도 괜찮지만, 기본적으로 2.5~3시간으로 유지해주세요.

놀

손가락 빨기를 시작할 시기에요. 매우 정상적인 발달사항입니다. 손가락 빨기, 걱정하지 마세요. 보통 만 두 살에서 다섯 살 사이에 자연스럽게 끊길 거예요. 점점 누워 있는 것을 지루해할 수 있어요. 모빌도 아기체육관도 조금씩 지루해지죠. 다양한 놀이가 필요해지는 시기입니다.

시력과 청력이 발달하기 시작해요. 대비되는 색만 구분할 수 있던 아이가 이제 다양한 색을 인지합니다. 대근육 발달이 조금 빠른 아이들은 3~4개월에 뒤집기를 시도하며, 목 가누는 힘이 생겨서 터미타임을 이전보다 훨씬 편안하게 할 거예요. 손과 발을 인지하고 탐색하기 시작합니다.

3개월 즈음이 되면 본격적으로 구강기가 시작됩니다. 아이가 주먹과 손가락을 입에 자꾸 넣고 빨고 탐색하기 시작할 거예요. 양육자를 조금씩 알아보고, 미소도 지을 거예요. 엄마는 아이와 더 자주 눈맞춤해주고, 말도 걸어주고, 아이 이름을 불러주면 좋아요.

0~2개월의 아이들과 다르게 활동하는 시간도, 범위도 이전보다는 넓어질 거예요. 아이 발달을 자극할 수 있는 놀이를 소개해드릴게요. 연세대학교 아동가족학과 학사·석사를 전공한 최지예 놀이전문가(인스타그램 플레이차니 @play._chani)는 3개월 아이와 할 수 있는 놀이를 다음과 같이 설명했습니다.

1. 터미타임은 여전히 너무 좋은 놀이입니다. 이전에는 단순히 대근

육을 위한 활동이였다면 터미타임을 하는 동안 놀이가 진행될 수 있게 해주는 것도 좋습니다. 아이가 터미타임을 하는 동안 아이 이름을 부르며 아이의 눈높이에 맞춰 함께 터미타임을 진행한다거나 콩이나 쌀이 담긴 통을 흔들어주며 아이가 흥미를 가지고 활동을 즐길 수 있게 도와주세요. 거울을 제공해준다거나 혹은 헝겊책, 소리 나는 장난감도 좋습니다. 투명 지퍼백 안에 반쯤 물을 담고 스팽글이나 폼폼이 등의 재료를 넣어 센서리백(감각 놀이 주머니)을 만들어보세요. 엎드려서 물컹물컹한 센서리백을 만져도 보고 눈으로 볼 수도 있어서 터미타임 할 때 갖고 놀기 좋은 놀잇감입니다.

2. 뒤집기를 하려는 모습이 보인다면, 깨어 있는 동안 놀이로 적극 활용해주세요. 뒤집기를 하지 않는 아이여도 점차 뒤집기 준비를 시작할 거예요. 아이가 뒤집으려고 허리를 들거나 다리로 자꾸 버티는 자세를 취한다면 옆으로 눕혀서 아이가 뒤집는 자세를 시도할 수 있게 연습시켜주세요. 실제로 뒤집기를 시작해도 편안한 한 가지 방향으로만 시도하려고 할 거예요. 왼쪽과 오른쪽 번갈아가며 뒤집기를 연습하는 것도 좋은 놀이가 될 수 있습니다.

3. 나의 신체를 인지하고 탐색하는 시기가 시작됩니다. 아이가 주먹, 손을 입에 넣고 탐색하도록 자유롭게 두세요. 3개월부터는 아이가 손에 무언가를 쥐고 잡으려고 시도하려는 모습이 보이기 시작해요. 이 시기에는 아이가 손으로 만지고 쓰다듬어 보면서 촉감을 발달시키는 경

험이 중요해요. 아이가 잡기 쉬운 안전한 장난감을 쥐어주고, 아이가 탐색해볼 수 있는 놀이를 추천드려요. 흔들면 소리 나는 딸랑이, 딱딱한 나무 블록이나 말랑말랑한 고무 장난감, 부드러운 헝겊 인형이나 수건 등 다양한 촉감과 자극을 느낄 수 있는 장난감이나 물건을 제공해주세요. 입에 모든 것을 넣고 탐색하는 구강기가 시작되는 만큼, 장난감이나 물품의 청결에 더 신경 써야 하는 시기입니다. 아이가 무엇이든 입에 넣어 지저분할까, 손을 빠는 게 습관이 될까 걱정되신다고요? 우리 아이가 발달에 맞게 잘 커간다는 증거이며, 중요한 발달 단계 중 하나입니다. 아이가 자유롭게 탐색하게 해주세요.

4. 아이가 무언가를 계속해서 잡으려고 시도하는 시기입니다. 아이를 눕혀 엄마와 눈을 마주치며 손수건을 허공에서 흔들어주세요. 아이가 잡으려고 노력할 거예요. 아이가 손수건을 잡으면 손수건을 놓치지 않을 만큼 아주 살짝 힘을 주어 당겨보세요. 아이도 손수건을 놓치지 않으려고 손에 힘을 주어 버텨보면서 대소근육 발달을 촉진시킬 수 있어요. 손수건 외에도 위험하지 않은 것이라면 양육자의 감독하에 제공해주셔도 좋습니다. 구강기가 시작된 만큼 입에도 자꾸 넣으려고 할 거예요.

5. 옹알이를 조금씩 시작할 거예요. 아이가 만드는 옹알이 소리에 반응해주시고 말을 걸어주세요. 언어 자극은 아이가 말할 시기가 아닌, 신생아 시기부터 꾸준히 진행되어야 하는 활동입니다. 예를 들어 아이가 잘 자고 일어나 기분 좋게 옹알이를 한다면 "우리 예쁜 ○○, 잘 잤

구나? 좋은 꿈 꿨어?", 아이가 수유 후 옹알이를 한다면 "배가 불러서 기분이 좋구나?" 등 아이의 옹알이가 엄마, 아빠에게 말을 걸어준다 생각하면서 대화해주세요. 이때 천천히 높은 톤으로 이야기하는 것이 좋아요. 이 시기 아이들은 말하는 사람이 천천히, 높은 음조로 반복해서 말하는 것을 좋아하고 주의 깊게 듣기 때문입니다. 그리고 아이가 '아~'라고 옹알이를 하다가 멈추면 엄마 아빠는 그 틈을 타서 '아~'라고 따라해주고 가끔은 '아오아~'와 같이 약간의 변형을 주어 소리 내어 아이와 번갈아가며 옹알이 대화를 해주세요. 아이가 옹알이를 할 때 녹음을 했다가 옹알이 녹음본을 아이에게 다시 들려주는 것도 좋아요.

6. 아이가 목 근육이 충분히 발달되었다면 양육자의 도움을 받아 앉아서 아기체육관이나 매달려 있는 장난감을 탐색해요. 아기체육관은 다양한 색깔과 모양의 장난감을 아이 눈높이에 걸어놓아 이 시기 아이에게 다양한 자극을 주기에 유용해요. 바스락 소리가 나는 헝겊책도 좋고, 고리가 걸려 있는 다양한 색의 장난감도 좋습니다. 시각적인 자극과 청각적인 자극, 동시에 대근육을 사용한 자세와 소근육을 사용하며 놀 수 있는 신체활동으로도 좋아요. 목을 아직 충분히 가누지 못한다면, 누워서 같은 놀이를 제공해주세요. 누워 있는 아이의 발에 끈을 매달아 모빌에 연결하여 아이가 발을 움직일 때마다 소리가 나게 해주는 것도 좋아요.

7. 거울을 보며 노는 시간을 가져주세요. 이 시기 아이는 아직 거울

속 아이가 자기 자신이라고 정확하게 인지하지는 못합니다. 하지만 거울에 비친 자신의 모습을 자주 본 아이들이 자신 얼굴에 더 친근감을 느끼며, 자신과 타인을 변별하는 능력을 보다 빨리 갖추고 타인의 행동을 따라하는 모방 행동도 빨리 시작해요. 또한 아이가 터미타임 할 때 거울을 앞에 놓아 주면 거울 속 자신의 모습을 집중해서 보게 해주므로 터미타임을 돕기에 좋은 놀잇감이에요. 아이가 터미타임을 하는 동안, 혹은 앉거나 누워 있을 때 아이 측면에 번갈아 가며 거울을 두고 놀아주세요. 아이 스스로의 모습을 보는 것도, 엄마와 함께 재미있는 표정을 보는 것도 좋아할 거예요.

8. 초점책과 흑백모빌에서 색이 다양하게 나와 있는 책과 모빌을 제공해주세요. 크고 단순한 그림이 있는 복잡하지 않은 형태의 책을 아이가 눈으로 보고, 엄마가 간단하고 쉬운 말로 그림을 설명해주는 것으로도 충분합니다. 흑백모빌을 잘 보던 아이라면, 컬러모빌은 훨씬 더 볼 것들이 많아지겠죠. 색을 인지하는 것뿐 아니라 형태 정도만 보이던 것도 조금은 더 자세하게 보이기 시작합니다. "이건 뭘까? 저건 뭘까?" 아이가 모빌을 집중해서 보는 모습을 보실 수 있을 거예요.

9. 오감이 빠르게 발달하는 시기에요. 시각과 촉각뿐만 아니라 후각과 청각에 대한 적절한 자극도 제공해주어 오감을 균형 있게 발달시킬 수 있도록 도와주세요. 귤처럼 진한 과일 향을 맡게 해주고 "새콤달콤한 귤 냄새가 나지?"라는 식으로 표현해주세요. 또 아이 얼굴 근처에

향기가 나는 과일을 두어 아이가 그쪽으로 고개를 돌리는지도 확인해 보세요. 이때 인공적인 냄새보다는 자연적인 냄새가 더 좋습니다. 그리고 2~3개월 무렵은 청각이 급격하게 발달하는 시기로 소리에 민감하게 반응해요. 다정한 목소리로 말을 걸어주고, 동요나 클래식을 들려주세요. 꼭 동요나 클래식이 아니더라도 들려주었을 때 아이가 팔다리를 활발히 흔드는 등 반응이 좋은 노래도 좋아요.

3개월 아기 수면 교육을 위한 체크리스트

- 깨어 있는 시간이 최소 90분에서 최대 120분 정도로 늘어납니다. 낮잠은 최대 4시간! 하루에 총 4시간을 넘지 않도록 해주세요. (넘긴다면 새벽에 깰 확률 상승!) 각 낮잠은 동일하게 2시간을 넘지 않도록 해주세요.
- 기상시간은 평균 6~7시로 살짝 당겨지고, 밤잠 취침시간도 평균 7~8시로 조금씩 당겨져요. 아이가 8시까지 자나요? 그렇다면 기상시간을 무리하게 당길 필요는 없답니다.
- 아직도 아이의 수면은 얕은잠의 비중이 높아요. 낑낑거리면서 자는 것이 정상이에요. 깊은잠 사이클이 좀 더 심층화되는 구간은 5~6개월 이후랍니다. 지금은 짧게 20~30분 정도로 자는 것도 정상입니다. 짧게 깨어 있고, 짧게 낮잠을 자는 것이 정상인 개월 수이니, 무조건적인 낮잠 연장은 불가능할 수 있다는 사실을 명심해주세요.

- 뒤집기를 시작할 수 있어요. 뒤집기 시작 징후가 보인다면, 스와들은 졸업을 연습시켜주세요.

스와들 졸업 꿀팁

일주일 동안 한쪽 팔만 빼주세요. 왼쪽 손가락을 잘 빠나요? 그렇다면 왼팔을 빼주셔서 근육이 적응할 수 있도록 해주세요. 모로반사는 시간이 지나면서 점점 소실될 거예요. 왼팔이 나와서 허우적거리며, 팔 근육이 익숙해지도록 적응시켜주세요. 낮/밤 동시에 빼주는 것을 추천합니다. 그 다음에 적응이 되면 양팔을 빼고 보낭형 슬립핑백으로 바꿔주세요.

뒤집기 지옥

보통 3~5개월에 와요. 힘든 구간은 보통 2주 전후반으로 지속될 수 있어요. 아무래도 뒤집기를 시작했다면 자면서도 뒤집기를 시작하기 때문에 수면이 조금 망가질 수 있답니다. "아휴 불편해! 이 자세로 어떻게 자라는 거야?" 하며, 새벽에 으앙~ 하고 울음을 터트릴 수 있어요. 그럴 때 슬베베만의 꿀팁! '뒤집기 지옥? 그래! 한 번 질릴 때까지 해봐라!' 하면서 낮에 놀이시간에 특급훈련을 시작해주세요. 뒤집기 연습을 계속 시키면서 끝없는 터미타임을 가져주세요. 그렇다면 아이도 "아휴, 굳이 자면서까지 연습을?" 할 거랍니다. 3개월 아기의 하루 스케줄을 다음과 같이 추천드려요.

참고할 수 있는 하루 스케줄

일과	시간	주요 활동
아침 기상	7:00	비슷한 시간에 하루를 시작해주세요. 고정되어 있을 필요는 없지만, 평균 기상보다 30분 전후반을 넘기지 않는 것을 추천드립니다. 만약 6시대에 일어난다면 하루를 시작해도 괜찮습니다. 하지만 8~9시에 잠들었는데 6시 전에 일어난다면, 몇 분만 기다렸다가 기저귀를 갈고 수유를 해주세요. 수유량은 평소 먹이는 양보다 반 정도 먹이는 것을 추천드립니다. 수유를 하고 재우시고, 아침에 7시에서 7시 30분 정도에 깨워서 하루를 시작해주세요.
수유1 (첫수)	7:15	일어나자마자 바로 수유하는 것이 아니라 조금 시간을 주세요. 햇빛이 들어오게 커튼도 걷고, 방에서 나오면서 인사도 하고, 스트레칭도 시켜주고, 기저귀도 갈아주세요.
낮잠1	8:30~10:00	수면의식을 8시 30분에 시작하는 것이 아니라 이전에 수면의식이 끝나고 8시 30분에는 아이를 눕혀주세요.
놀기	10:10	데리고 나와서 기저귀를 갈아주고, 낮잠을 잘 잤다고 칭찬해 주세요.
수유2	10:00	2.5~3시간 사이의 수유 텀으로 잡아보았습니다. 아이가 너무 배고파 하면 당겨도 괜찮습니다. 수유 후 트림을 시켜주세요. 졸지 않게 해주세요.
낮잠2	11:40~12:40	모든 낮잠은 아이가 자연스럽게 30분~40분만 자고 일어나서 연장되지 않는다면, 깨어 있는 시간을 참고해서 다음 낮잠을 들어가도 괜찮습니다. 이 스케줄은 '예시'일 뿐이며 아이를 이 시간에 끼워 넣으려는 게 아닙니다.

수유3	13:00	놀먹놀잠을 해도 괜찮습니다. 낮잠에서 일어나서 바로 수유하는 것이 아니라 적어도 5~15분 간격을 두고 수유해주세요. 먹으면서 자지 않아야 해요.
낮잠3	14:25~ 15:00	아이가 일어나면 침대에서 놀게 하는 것이 아니라 밝은 공간으로 데리고 나와서 기저귀를 갈아주고 반가운 목소리로 맞이해주세요.
수유4	16:00	(수유 텀 3시간) 먹으면서 졸지 않도록 주의해주세요.
낮잠4	16:50~ 17:30	(깨어 있는 시간 1시간 50분) 수면의식을 끝내고 눕혀줍니다. 밤으로 가면 갈수록 낮잠은 조금씩 힘들어지고, 아이가 칭얼거리는 현상이 있을 수 있습니다(마녀 시간).
목욕	18:50	수면의식의 첫 시작, 목욕을 시작해주세요. 밤잠 수면의식의 시작입니다.
수유5 (막수)	19:05	마지막 수유를 해주세요. 마지막 수유를 할 때 눈을 감거나 멍하지 않도록 지속적으로 깨워주세요.
밤잠	19:30	(깨어 있는 시간, 2시간). 밤잠 수면의식을 끝내고, 아이를 눕혀 밤잠 입면을 준비합니다. 이후부터 일어나는 것은 아이의 리드에 맡깁니다. 부모가 새벽수유 시간을 과하게 컨트롤하려 하지 마시고, 아이가 일어나면 몇 분 정도 기다렸다가 기저귀를 갈고 새벽수유를 준비해주세요.

* 수유 텀에 스케줄을 맞추는 것이 아니라 아이가 깨어 있는 시간에 수유를 끼워 넣는 것이 키 포인트입니다.

수면 교육 스케줄 참고

양육자가 여럿이라면, 자주 드나드는 아이가 지내는 방 혹은 주방에 노트(종이)를 두고 수기로 아이가 몇 시에 먹고 몇 시에 자고 일어났는지를 기록해가며 꼭 체크해주세요. 슬립베러베이비에서 아이의 수면 교육을 위한 스케줄 체크 양식(폼)을 무료로 다운받을 수 있어요(183p QR코드 참고). 잠만 자는 시기라 하더라도 "신생아가 이렇게 안 잘 수 있을까!" 하며 잠을 자지 않는 아이들도, 혹은 낮 시간에 거의 자는 아이를 먹여야 할 만큼 낮밤이 아예 바뀐 아이들도 있습니다. 문제점을 알아야 해결할 수 있어요. 규칙적인 일과를 만들어주는 것은 양육자의 몫이며, 처음에 계획한 대로 되지 않는다 하더라도 실망하지 마세요. 쉽게 할 것 같은 먹고 자고 노는 기본적인 것들이 아직은 가장 어려운 일이기도 합니다.

4~6개월 하루 스케줄

먹놀잠은 더더욱 잘 되어야 해요. 아직도 먹으면서 존다면, 원활한 수유가 이뤄지지 않거나, 수유 텀이 잡히지 않았거나, 습관일 가능성이 매우 큽니다. 수유 텀은 짧으면 3시간이지만, 이때부터는 수유텀이 대부분 4시간 정도로 늘어납니다. 슬립베러베이비 졸업생인 지수 어머님 사례를 소개드립니다.

"지수는 신생아 시기부터 자면서만 먹으려 하고, 먹놀잠을 하는 게 너무 힘든 아이였습니다. 수유량은 정확하지 않지만 3개월부터 6개월 정도까지 1회 수유량이 많지 않았어요. 분유만 주려고 하면 울고, 많이 먹지도 않고, 계속 젖병을 갖고 놀아 스트레스가 이만저만이 아니었죠. 먹고, 놀고, 자고, 모든 것이 구분되지 않은 채 3개월이 지나다 보니, 4시간 수유 텀은 생각도 못하고 금세 6개월이 되었습니다. 수면 교육으로 먹놀잠이 개선되었고, 먹으면서 조는 것도, 젖꼭지를 가지고 논다거나 수유만 하려 하면 울던 모든 습관들이 고쳐졌어요. 수면 패턴을 갖춰놓으니 잘 먹고, 잘 자는 아이가 되었습니다!"

지수처럼 먹는 것이 해결되지 않는다면, 수면에도 충분히 영향을 끼칠 수 있습니다. 반대로 불규칙한 수면 패턴 자체가 수유에도 영향이 있을 가능성이 매우 큽니다. 그만큼 수유와 먹는 것은 상관관계가 깊어요.

잠이 들지 못하면, 하루 종일 짜증이 늘고, 몸에는 스트레스가 쌓이면서 교감신경이 자극되고, 아이는 더욱더 흥분 상태로 돌입하게 됩니다. 그러다보니 먹지 않고, 자지 않는 상황에 노출될 수 있습니다. 먹는 것만큼 자는 것도 중요하지만, 자는 것만큼 먹는 것도 매우 중요하다는 사실을 꼭 기억해주세요.

4개월 즈음부터 아이는 고개를 잘 가누고 뒤집기를 시작하며 사물을 잡기 위해 손을 뻗기도 해요. 이제부터는 신체 놀이뿐만 아니라 본격적으로 다양한 장난감을 이용한 놀이도 가능해져 아이와 함께 할 수 있는 놀이가 점점 더 많아져요. 아이의 월령별 발달 수준에 적합한 다양한 놀잇감과 자극을 제공하여 아이의 발달을 촉진시키는 것이 중요해요.

특히 감각과 운동을 통합시키는 놀이를 많이 할수록 좋은데, 감각과 운동 발달은 하나하나 따로 할 때보다 같이 할 때 더욱 촉진되기 때문이에요. 예를 들어, 손으로 쥐고 흔들면 소리가 나는 색색의 악기를 주어 아이가 흔들어보게 해주면 시각, 청각, 촉각을 자극할 뿐만 아니라 소근육 발달도 동시에 촉진시킬 수 있어요. 최지예 놀이전문가가 4개월 이후 아이들 '놀이 육아의 가장 중요한 핵심 5가지'를 다음과 같이 설명했습니다.

첫째, 우리 아이의 성장과 발달을 먼저 파악해요

아무리 재미있어 보이는 놀이도 아이의 발달 수준이 해당 놀이를 하기에 적합하지 않으면 금방 흥미를 잃기 마련입니다. 손수건 당기기 놀이를 하더라도 아직 아이가 손에 무언가를 꽉 쥘 수 있는 발달 수준이 되지 않으면 자꾸 손에서 손수건이 흘러내려 아이의 흥미가 유지되기 어렵습니다. 또 손가락을 자유자재로 움직이는 발달 수준의 아이에게 손수건 당기기 놀이는 시시할 수도 있어요. 놀이를 하기 전에 우리 아이의 발달 수준이 해당 놀이를 하기에 적절한지 고려해주세요.

둘째, 다른 아이가 아닌 우리 아이의 기질과 흥미, 성향을 고려해요

다른 아이가 재밌게 하는 놀이라고 해서 우리 아이도 무조건 좋아할 거라 생각하면 안 됩니다. 우리 아이의 성향과 기질상 싫어하며 흥미를 보이지 않을 수 있습니다. 예를 들어 미끌미끌한 촉감놀이는 기질상 촉감에 예민하지 않은 아이는 좋아하지만 예민한 아이는 싫어할 수도 있으니까요. 여러 가지 시도를 통해 우리 아이가 무엇을 좋아하고 싫어하는지 찾아보고 아이의 놀이 성향에 대해 꾸준히 기록해서 다음 놀이를 할 때 반영해 주세요.

셋째, 놀이의 주도권은 아이에게 있어요

아이가 직접 고른 놀잇감으로 충분히 놀고 있는데도 엄마가 선택한 다른 놀잇감을 아이에게 제시하고 계속 엄마가 원하는 놀이를 강요하는 것은 아이의 주도적인 놀이와 흐름을 막을 수 있습니다. 그렇게 해서 이루어지는 놀이는 진짜 놀이가 아닌 가짜 놀이며, 놀이가 잘 이루어지지도 않아요. 또한 놀이를 통해 무엇인가를 학습하게 하려는 엄마의 태도는 아이들의 놀이를 방해하게 됩니다.

놀이를 할 때 잊지 말아야 할 중요한 점은 어떤 놀이든지 아이가 주도하고, 자발적으로 원하는 대로 할 수 있도록 존중해주어야 한다는 점입니다. 엄마가 예상했던 대로 이상적으로 놀이가 흘러가지 않아도 아이 선택을 존중해주고 아이가 정한 놀이가 재밌게 이루어질 수 있도록 지지해주세요

넷째, 놀이는 일상 속에서 자연스럽게 이뤄져요

"자, 이제부터 이 놀이를 하는 시간이야" 하고 정해진 시간에 아이에게 정해진 놀잇감으로 놀이해주는 것이 아니라 아이와 일상생활 속에서 자연스럽게 하는 것이 좋습니다. 엄마가 직접 만든 엄마표 놀잇감을 아이에게 들이밀며 놀라고 강요하지 말고, 아이가 놀고 있을 때 옆에 자연스럽게 놔둬보세요. 새롭게 나타난 놀잇감에 관심을 보이다 자연스럽게 놀이로 이어질 거예요. 이유식을 먹다가 일부가 식탁에 떨어졌다면 바로 치우지 말고 아이가 만져볼 수 있도록 놓아주세요. 자연스럽게 촉감 놀이로 이어질 수 있답니다.

다섯째, 모든 놀이는 반복할 때 효과가 좋아요

한 번 놀이를 해주고 그것으로 끝이 아니라 반복적으로 해주세요. 아이의 뇌는 단 한 번의 경험보다는 반복되는 경험을 통해 발달하고 성장

해요. 어제 우리 아이가 시큰둥해서 별로 관심 없었던 놀잇감도 오늘은 재미있게 가지고 놀 수도 있고, 같은 놀이더라도 다른 날 다른 방식으로 변형하여 재밌게 놀 수도 있어요. 예를 들어 같은 센서리백 놀이도 비닐백 안에 들어가는 재료를 다르게 하면 또 다른 놀이가 된답니다.

놀이 관련해서 궁금하다면, 네이버 카페 '차니네 놀이터(https://cafe.naver.com/playchani/)'를 참고해주세요.

점점 깨어 있는 시간이 늘어나기 시작하면서, 낮잠은 3회로 줄어듭니다. 깨어 있는 시간은 2시간에서 2시간 15분 전후반입니다. 최대 2시간 30분까지 잘 버티는 아이들도 생깁니다. 낮잠은 최대 3시간에서 3시간 30분을 넘지 않는 것이 적당합니다. 본격적으로 스스로 자는 수면 습관을 들여야 아이도 앞으로 올 성장곡선(이앓이나 수면퇴행, 원더윅스 등)에 깨더라도 스스로 잘 수 있는 습관이 길러질 수 있습니다.

4개월 수면퇴행

보통 이것도 3~5개월 사이에 와요. 지속기간은 보통 2주에서 4주, 길면 6주까지 지속된답니다. 보통 수면에 매우 영향이 있게 돼요. 4개월 수면퇴행은 뇌에서 잠 사이클의 발달 때문인데요. 마치 물웅덩이에서 첨벙거리며 놀던 아이에게 갑자기 2m 수영장 바닥을 한번 찍고 올라와야 하는 깊은 수면 사이클이 소개되는 시기에요. 그러다보니 아이는 "어떻게 자라는 거지? 난 굉장히 단조롭고, 얕게 잤었는데?" 하며 당황

하는 시기랍니다. 뒤집기 지옥과 조금 비슷하죠? 보통 이때는 아이도 못 자고, 부모님도 못 자기 때문에 매우 힘들답니다(저도 이 시기에 너무 힘들었어요.). 하지만 이 시기가 지나가면 아이도 조금 더 안정화되어서, 낮잠 연장도 곧잘 하고, 새벽에도 잠 연장을 조금씩 안정화하기 시작해요. 나름 힘든 시기지만, 지나고 나면 조금씩 좋아진다는 사실!(저희 아이도 이 시기 전에는 인간 알람처럼 낮잠 40분 컷이었는데, 수면퇴행 이후에는 갑자기 스스로 연장하기 시작했어요.)

6개월 원더윅스

6개월에 원더윅스가 보통 세게 와요. 낮잠을 거부하기도 하고, 밤잠을 거부하기도 하고, 저희 아이는 밤잠 들고 2~3시간 후에 기상해서 1~2시간을 울다 잠이 들었어요. 수유도 하고, 안고 달래고, 정말 힘들었죠. 하지만 이것도 2주면 지나간다는 사실! 잊지 말아주세요. 굉장히 유명한 심리학자이자 《Sleeping through the night》 저자 조디 민델은 6개월 이후에도 아이에게 수면 문제가 있다면, 만 3세까지 지속될 가능성이 84%라고 연구 결과를 소개했습니다. 이 6개월, 참 중요한 시기죠!

참고할 수 있는 하루 스케줄

일과	시간	주요 활동
아침 기상	7:00	비슷한 시간에 하루를 시작해주세요. 고정되어 있을 필요는 없지만, 평균 기상보다 30분 전후반을 넘기지 않는 것을 추천드립니다. 만약 6시대에 일어난다면 하루를 시작해도 괜찮습니다. 하지만 밤잠을 10시간 미만으로 잤다면, 몇 분만 기다렸다가 기저귀를 갈고 수유해주세요. 수유량은 평소에 먹이는 것보다 반 정도 먹이는 것을 추천드립니다. 수유를 하고 재우시고, 아침에 7시에서 7시 30분에 깨워서 하루를 시작해주세요
수유1 (첫수)	7:15	일어나자마자 바로 수유를 하는 것이 아니라 조금 시간을 주세요. 햇빛이 들어오게 커튼도 걷고, 방에서 나오면서 인사도 하고, 스트레칭도 시켜주고, 기저귀도 갈아주세요.
낮잠1	9:00~ 10:00	수면의식을 9시에 시작하는 게 아니라, 이전에 수면의식이 끝나고 9시에는 아이를 눕히는 시간입니다.
놀기	10:10	데리고 나와서 기저귀를 갈아주고, 낮잠을 잘 잤다고 칭찬해 주세요.
수유2-1 (이유식)	10:30	이유식 시작, 각 나라마다 이유식 시작 시기가 다릅니다. 이유식은 보통 4~6개월에 시작하지만, 요즘은 6개월부터 시작하라는 전문가들이 대부분입니다. 제일 자세한 것은 우리 아이 발달사항에 맞춰서 소아과 선생님에게 상의 후 진행해주세요.

수유2-2	11:00	모유/분유 보충하기(아이가 먹고 싶은 만큼 주세요. 이유식을 하더라도, 아이의 현재 주식원은 모유/분유입니다.)
낮잠2	12:15~ 13:45	모든 낮잠은 아이가 자연스럽게 30~40분만 자고 일어나서 연장되지 않는다면, 깨어 있는 시간을 참고해서 다음 낮잠을 들어가도 괜찮습니다. 이 스케줄은 '예시'일 뿐이며 아이를 이 시간에 끼워 넣으려는 게 아닙니다.
수유3	14:45	놀먹놀잠을 해도 괜찮습니다. 낮잠에서 깬 후에 바로 수유하지 말고, 적어도 5~15분 간격을 두고 수유해주세요. 먹으면서 자지 않아야 해요.
낮잠3	16:00~ 16:45	아이가 일어나면 침대에서 놀게 하는 것이 아니라 밝은 공간으로 데리고 나와서 기저귀를 갈아주시고 반가운 목소리로 맞이해주세요.
목욕	18:30	수면의식의 첫 시작, 목욕을 시작해주세요. 밤잠 수면의식의 시작입니다.
수유4 (막수)	18:45	(수유 텀 4시간) 마지막 수유를 해주세요. 마지막 수유를 할 때 눈을 감거나 멍하지 않도록 지속적으로 깨워주세요.
밤잠	19:15	밤잠 수면의식을 끝내고, 아이를 눕혀 밤잠 입면을 준비합니다. 이후부터 일어나는 것은 아이의 리드에 맡깁니다. 부모가 새벽 수유 시간을 과하게 컨트롤하지 말고, 아이가 일어나면 몇 분 정도 기다렸다가 기저귀를 갈고 새벽수유를 준비해주세요.

7~11개월 하루 스케줄

이유식 횟수가 1~3회까지 늘어나며, 분유/모유수유 횟수도 점차 적으로 이유식 양에 대비해서 줄어듭니다. 분리수유를 하는 부모님도 많습니다. 저는 분리수유를 한 엄마였는데, 그 이유는 이유식을 너무 적게 먹기도 했고, 이유식과 수유를 붙여 먹이는 경우, 수유를 거부하는 일이 종종 있었기 때문입니다.

먹는 스케줄은 아이들마다 천차만별로 달라집니다. 어떤 아이는 7개월에 이유식 3회, 수유 3회이고, 어떤 아이는 7개월에 이유식 1회, 수유 4~5회이기도 합니다.

아이의 하루 스케줄과 이유식 양, 수유 형태 및 아이 몸무게 발달도 체크해야 합니다. 아직까지 아이의 주식원은 이유식보다는 수유이며, 수유에 조금 더 집중해야 합니다. 먹으면서 자는 일이 없도록 주의해주세요. 그리고 부모가 트림을 시켜주지 않아도 아이 스스로 트림을 하기 시작합니다.

아이의 움직이는 범위가 점점 넓어집니다. 아이는 계속 움직이려 하며, 움직이지 못하고 하루 종일 누워 있거나, 앉아 있는 경우, 부모와 상호작용이 적은 날(외출이 긴 경우)에는 수면에 영향을 미칩니다. 이런 날에는 새벽깸이 더 잦다든지, 밤잠 입면을 힘들어합니다. 아이는 낮에 부모와 충분한 상호작용이 필요합니다. 특히 이 시기에 분리불안이 시작되기도 합니다.

분리불안

분리불안은 보통 8개월부터 시작되며, 14개월에 피크에 달하고, 만 4세까지 지속되는 경우가 종종 있습니다. 아이마다 불안도의 레벨은 충분히 다를 수 있어요. 어떤 아이는 수면 교육을 하지 않았는데도 분리불안이 심한 경우도 있고, 또 어떤 아이는 수면 교육을 했는데 분리불안이 없는 경우도 있어요. 수면 교육 여부에 따라서 분리불안 정도가 정해지진 않습니다.

분리불안이 매우 심한 경우에는 부모가 적극적으로 개입해서 수면 교육을 해주세요. 아이 특성상 불안도가 매우 높고, 분리불안이 극심하다면 강도 높은 퍼버법 수면 교육을 추천드리지 않습니다. 수면 교육 컨설팅 전에 아이의 분리불안도를 정확하게 파악하는 것도 매우 중요한 부분입니다.

분리불안이 매우 심하다고 판단되는 경우, 부모의 개입이 최대화되는 수면 교육 기법을 사용합니다. 안눕법이나 쉬닥법, 의자기법을 사용하는 경우도 많습니다. 분리불안에도 충분히 수면 교육은 가능하지만, 조금 더 젠틀한 교육 방법을 사용하는 것이 전문가의 꿀팁입니다.

앉기지옥, 서기지옥과 같은 새로운 발달사항

새로운 발달사항이 생기는 급성장 구간에는 아이들도 많이 힘들어합니다. 원더윅스처럼, 습관이 잘 잡혀 있던 아이들도 이 시기에 수면 문제가 무너지곤 합니다. 앉기, 서기지옥이라고 표현되는 이 시기는 보통 7~8개월 전후반에 오는데, 아이가 잡고서는 것이 재밌어지고, 앉기 시작하면서 맞이합니다. 동시다발적으로 한 번에 오는 경우도 있고, 하나하나 퀘스트처럼 오는 경우도 있습니다.

아이가 잠들기 전에 갑자기 뒤집었던 시절처럼, 아이가 잠들려는데 갑자기 앉거나 문을 향해 서서 울면서 안아달라고 울부짖기도 합니다.

하지만 이 모든 발달이 아이도 처음이라 적응하지 못해서 우는 것입니다. 그러므로 너무 놀라지 말고, 기존대로 수면 교육의 큰 틀을 유지해야 합니다. "아이가 앉았으니까, 잡고 서니까 잘 생각이 없어 보여요. 제가 재워줘야겠어요." 하고 3일 이상 재워주는 것이 유지된다면, 다시 스스로 자는 아이로 돌아오기 힘들 수도 있습니다.

아이에게 새로운 발달 사항이 생겼다면, 낮에 충분히 연습하고 발휘하면서 부모와 상호작용할 수 있는 기회를 주세요. 그렇다면 자면서까지 잡고 서려는 확률이 매우 줄어듭니다.

7~11개월 아기 수면 교육을 위한 체크리스트

- 깨어 있는 시간이 점점 늘어나요. 최소 3시간에서 최대 4시간 정도로 늘어납니다.
- 낮잠 변환기가 오는 시기로, 7~8개월에 낮잠 3회에서 2회로 대부분 변환됩니다.

- 낮잠은 최대 3시간! 하루에 총 3시간을 넘지 않게 해주세요(넘긴다면 새벽에 깰 확률이 매우 높아집니다.).
- 각 낮잠은 동일하게 2시간을 넘지 않게 해주세요.
- 기상시간은 평균 6~7시 기상, 취침도 7~8시로 동일합니다.
- 아이의 수면은 신생아 시기보다는 훨씬 깊어졌습니다. 낮잠 연장은 스스로 하루에 한 번 이상 할 수 있으며(30분 이상 스스로 연장해야 함), 밤잠에도 10~12시간씩 새벽수유 없이 자는 통잠에 한 발짝 가까워졌습니다.

참고할 수 있는 하루 스케줄

일과	시간	주요 활동
아침 기상	7:00	비슷한 시간에 하루를 시작해주세요. 고정되어 있을 필요는 없지만, 평균 기상보다 30분 전후반을 넘기지 않는 것을 추천드립니다. 만약 6시대에 일어난다면 하루를 시작해도 괜찮습니다. 하지만 밤잠을 10시간 미만으로 잤다면, 몇 분만 기다렸다가 기저귀를 갈고 수유해주세요. 수유량은 평소에 먹이는 것보다 반 정도 먹여주세요. 수유를 하고 재우고, 아침에 7시에서 7시 30분에 깨워서 하루를 시작해주세요.
수유1 (첫수)	7:15	일어나자마자 바로 수유하는 것이 아니라 조금 시간을 주세요. 햇빛이 들어오게 커튼도 걷고, 방에서 나오면서 인사도 하고, 스트레칭도 시켜주고, 기저귀도 갈아주세요.
수유 1-2 (이유식)	9:15	분리수유 예시 스케줄입니다. 이유식을 먼저 먹이고 재우는 것을 추천드려요. 그렇지 않고 낮잠1을 오래 자면, 수유텀이 생각보다 길어질 수 있기 때문입니다.
낮잠1 (눕히기)	10:00~11:00	낮잠은 하루 2.5~3시간을 넘지 않는 것이 목표입니다. 낮잠1을 무조건적으로 1시간 이내로 제한할 필요는 없습니다. 아이가 자고 싶은 만큼 두되, 모든 낮잠은 2시간이 넘지 않도록 제한해 주세요. 그리고 수유 시간이 오면 아이를 깨워주세요.

놀기	11:10	데리고 나와서 기저귀를 갈아주고, 낮잠을 잘 잤다고 칭찬해주세요.
수유2	11:30	이유식 양에 따라 수유 시간대나 양이 조절될 수 있습니다.
수유 2-2 (이유식)	13:40	분리수유 스케줄입니다. 낮잠2 전에 이유식을 줍니다.
낮잠2	14:20~15:50	모든 낮잠은 아이가 자연스럽게 30~40분만 자고 일어나도 연장되지 않는다면, 깨어 있는 시간을 참고해서 다음 밤잠을 들어가도 괜찮습니다. 이 스케줄은 '예시'일 뿐이며 아이를 이 시간에 끼워 넣으려는 게 아닙니다.
수유3 (이유식 또는 수유)	16:10	막수와 텀이 가깝기 때문에(3시간 20분) 이유식을 잘 먹지 않았다면, 수유를 해도 괜찮고, 이유식을 꽤나 든든하게 먹였고 수유량을 줄여가는 형태라면 이유식을 추가로 줘도 괜찮습니다. 저는 평소에 180~200ml 정도 먹였던 수유를 살짝 줄여서 120ml으로 줬습니다.
목욕	19:10	수면의식의 첫 시작, 목욕을 시작해주세요. 밤잠 수면의식의 시작입니다.
수유4 (막수)	19:30	마지막 수유를 해주세요. 마지막 수유를 할 때 눈을 감거나 멍하지 않도록 지속적으로 깨워주세요.
밤잠	19:50	(깨어 있는 시간 4시간). 밤잠 수면의식을 끝내고, 아이를 눕혀 밤잠 입면을 준비합니다. 이후부터 일어나는 것은 아이의 리드에 맡깁니다.

12~14개월(낮잠 2회) 하루 스케줄

이유식에서 유아식으로 넘어가는 시기로, 분유수유를 하는 아이는 분유를 끊는 시기이기도 합니다. 모유수유를 하는 아이는 부모의 선택으로 모유가 간식처럼 먹여지는 경우도 있고, 수유 형태에서 우유를 섭취하는 시기입니다. 활동량이 증가하는 만큼, 식사량은 적을 수도, 많아질 수도 있습니다. 아이가 급성장하는 경우, 식사량이 폭발적으로 늘어날 수도 있으며, 아이의 성장이 천천히 진행되는 시기라면 식사량이 줄 수도 있습니다.

간식이나 군것질이 점점 시작되는 시기이므로, 구강관리에 더욱 신경 써야 하며, 아이는 간식으로 식사를 거부하는 경우도 종종 있습니다. 올바른 식습관을 잡아주며, 낮에 충분한 수유와 수분 섭취가 이뤄져야 밤에도 영향이 없습니다.

한 가지 사례를 소개드립니다. 14개월 아기를 키우는 부모님이셨는데, 아이가 밤 9시에 자도, 10시에 자도 항상 5시에 일어났습니다. 아이 기질 및 분리불안 여부, 활동량, 결과적으로 수유 패턴을 체크해드렸는데, 상담해보니 이 아이는 너무 배가 고파서 아침 5시에 일어났던 경우였습니다. 우선 우유 섭취량이 하루에 200~300ml 정도였고, 유아식도 낮에 잘 먹지 않는 아이였어요. 그래서 우유와 유아식 섭취량을 늘렸더니, 아이가 밤잠을 12시간씩 잤습니다. 낮에 적게 먹으면, 밤잠 길이에도 영향을 주는 경우가 종종 있기 때문에 꼭 참고해주세요.

낮에 햇빛을 보면서 활동하는 것이 중요해지는 시기입니다. 낮에 부족한 활동이 수면에 영향을 미치는 시기입니다. 어린이집을 다니는 아이들이 많아지는 시기인 만큼 부모와 보내는 시간이 적어질 수 있습니다. 하지만 부모와 보내는 상호작용, 놀이는 양보다는 '질'입니다. 부모가 짧은 시간이라도 아이와 얼마나 상호작용을 하고, 존중하고, 소통하면서 놀이하는지가 아이 수면 패턴에 영향을 끼칩니다. 저는 이 개월 수 수면 교육을 진행할 때, 부모님께 하루에 적어도 10분에서 15분은 질 좋은 놀이를 권장합니다.

아이들은 에너지를 방출해야 하는데, 그 에너지가 방출되지 못하면 수면에도 영향을 끼칩니다. 12개월 이후부터 아이는 걸어다니기 시작하며, 활동 반경이 넓어집니다. 놀이는 매우 중요한 요소를 차지합니다. 부모와의 놀이로 충분한 상호작용을 통해 아이의 스트레스가 줄어들고, 긴장이 완화되며, 건강한 마음을 갖게 됩니다. 또한 아이는 부모와의 놀이를 통해 더욱 돈독하게 애착을 쌓기 때문이죠. 마음이 편안해지면 수면도 편안해집니다.

12~14개월 아기 수면 교육을 위한 체크리스트

- 깨어 있는 시간이 점점 늘어나서 3시간 30분에서 4시간 30분 정도 버틸 수 있습니다.

- 낮잠 변환기가 오는 시기로, 낮잠 2회에서 1회로 변환될 수 있습니다.
- 낮잠은 최대 3시간! 하루에 총 2~3시간을 넘지 않게 해주세요(넘긴다면 새벽에 깰 확률이 매우 높아집니다.).
- 기상시간은 평균 6~7시, 취침도 7~8시로 동일합니다.
- 아이는 침대에서 넘어올 수 없어야 합니다. 4면이 막힌 가드가 있는 침대를 사용해주세요. 많은 부모님이 아이가 침대를 탈출하기 시작하면서, 자기 조절력이 하나도 없는 아이에게 자기 조절력이라는 옵션을 줍니다. 이렇게 되면 아이는 수면을 거부할 수 있고 안전하지 않습니다. 해외에서는 부모가 자고 있는 사이, 밤에 아이가 침대에서 탈출한 경우 다음과 같은 사고가 보고되었습니다.

아이가 서랍장에 기어올라갔는데 서랍장이 엎어지면서 사고가 일어났습니다. 또 아이가 콘센트에 손가락을 넣어서 감전사고가 일어날 수 있습니다. 집에 계단이 있는 경우에는 낙상사고가 발생할 수 있습니다. 아이가 블라인드 줄에 매달려 사고가 일어날 수 있습니다.

이처럼 아이들은 안전에 대한 인지력이 없는 상태이기 때문에 부모가 꼭 주의해야 합니다. 하지만 현실적으로 부모가 자고 있을 때 아이를 체크할 순 없습니다. 때문에 4면이 막힌 아이가 넘어올 수 없는 높은 가드의 침대를 사용해야 합니다.

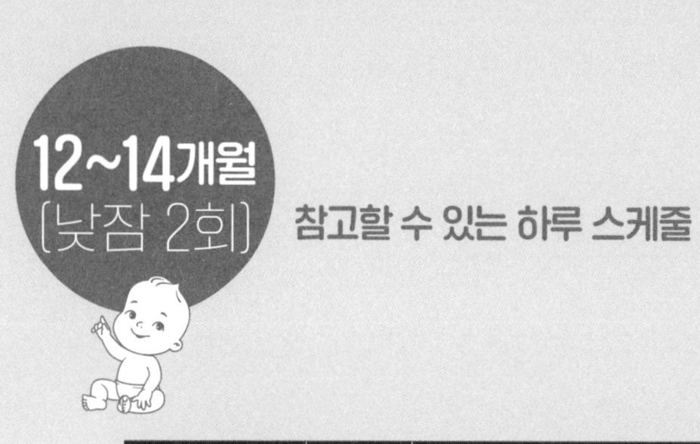

참고할 수 있는 하루 스케줄

일과	시간	주요 활동
아침 기상	7:00	비슷한 시간에 하루를 시작해주세요. 고정되어 있을 필요는 없지만, 평균 기상보다 30분 전후반을 넘기지 않는 것을 추천드립니다. 만약 6시대에 일어난다면 하루를 시작해도 괜찮습니다. 하지만 아이가 밤잠을 10시간 미만으로 잤다면 최대한 원하는 기상시간까지 기다려주세요.
유아식 (아침)	7:30	일어나자마자 바로 식사하는 것이 아니라 조금 시간을 주세요. 햇빛이 들어오도록 커튼도 걷고, 방에서 나오면서 인사도 하고, 스트레칭도 시켜주고, 기저귀도 갈아주세요.
간식/우유	9:15	간식이나 우유를 먹입니다. 낮잠 전에 칼로리를 보충하려는 목적입니다. 잠들기 전에 차분하게 먹을 수 있게 해주세요.
낮잠1	10:30~ 11:30	낮잠은 하루 최대 2.5~3시간을 넘지 않는 것이 목표입니다. 낮잠을 많이 재울수록 밤잠이 조금씩 더 늦어질 수 있으니 참고해주세요.
놀기	11:40	데리고 나와서 기저귀를 갈아주고, 낮잠을 잘 잤다고 칭찬해주세요.
점심식사	12:30	유아식 점심식사 시간대나 양이 조절될 수 있습니다.
간식/우유	14:30	간식이나 우유를 먹입니다. 낮잠 전에 칼로리 보충하려는 목적입니다. 잠들기 전에 차분하게 먹을 수 있게 해주세요.

낮잠2	15:15~ 16:00	모든 낮잠은 아이가 자연스럽게 30~40분만 자고 일어납니다. 연장되지 않는다면, 깨어 있는 시간을 참고해서 다음 잠으로 들어가도 괜찮습니다. 낮잠이 길어질수록 밤잠이 늦어질 수 있는 점을 참고해주세요.
간식	16:30	저녁식사 전에 간식을 추천합니다.
유아식 (저녁)	19:00	저녁식사를 든든히 먹을 수 있게 해주세요. 부족하게 먹였다면, 간식을 보충해주는 것도 좋습니다.
목욕	20:00	수면의식이 시작됩니다.
밤잠	20:30	밤잠 수면의식을 끝내고, 아이를 눕혀 밤잠 입면을 준비합니다.

아기침대 참고 동영상

14~24개월(낮잠 1회) 하루 스케줄

먹는 것은 12~14개월 아이와 동일합니다.

아이는 이때부터 서서히 본인이 할 수 있는 영역을 탐색하기 시작합니다. 쉽게 말해서 아이는 부모에게 울음이나 반항을 통해 할 수 있는 것, 할 수 없는 것을 계속 테스트하게 되죠.

재접근기

재접근기는 보통 18개월 전후반에 오는데, 원래 좋아하던 행동들도 갑자기 거부하게 되고, 육아의 난이도가 매우 높아지는 시기이기도 합니다. 이때는 아이에게 많이 신경써주는 것이 좋습니다. 질 좋은 놀이와 애착, 낮의 활동량이 수면에 영향을 많이 미칩니다. 그리고 집안의 정확한 큰 틀의 규칙이 매우 중요해요. 아이가 운다고 해도 그 틀이 무너지지 않고, 흔들리지 않는 모습을 보여줘야 합니다.

재접근기는 보통 2주~4주 정도 걸립니다. 재접근기의 제일 중요한 팁은 아이에게 애착 대상을 옮겨줘야 하고(예를 들어, 애착 인형, 애착 이불, 등등) 아이에게 자율성을 부여해야 하며, 부모의 따뜻하지만 단호한 육아 방침이 필요합니다.

아이가 운다고 모든 것이 허용적일 필요는 없습니다. 예를 들어 아이가 계속 TV를 보고 싶다고 울고 있어요. 이미 하루에 볼 수 있는 TV 시간은 정해진 상태입니다. 그렇다고 아이를 울리면 정서가 나빠질까봐, 애착이 무너질까봐, 엄마에게 실망할까봐 보여주실 건가요? 그렇지 않습니다. 육아도, 수면 교육도 마찬가지에요. TV를 보여달라는 요청을 매일 거절해도 애착이 무너지거나 정서가 나빠지거나 아이가 과하게 실망하지 않습니다. 육아는 일관성이 제일 중요한 키워드라는 것을 꼭 기억해주세요.

14~24개월 아기 수면 교육을 위한 체크리스트

- 깨어 있는 시간이 점점 늘어나서 4시간 30분에서 6시간 정도 버틸 수 있습니다.
- 낮잠 1회로 정착됩니다. 낮잠이 0회로 없어지는 시기는 생후 22개월부터 만 5세 미만인데 아이마다 낮잠이 없어지는 시기가 매우 다릅니다.
- 낮잠은 최대 3시간! 하루에 총 2~3시간을 넘지 않게 해주세요(넘긴다면 새벽에 깰 확률이 매우 높아집니다.).
- 기상시간은 평균 6~7시, 취침도 7~8시로 동일합니다.
- 침대에서 스스로 넘어올 수 있는 환경 조성은 적어도 만 2.5~3세 사이가 적당합니다.

14~24개월 (낮잠 1회) 참고할 수 있는 하루 스케줄

일과	시간	주요 활동
아침 기상	7:00	비슷한 시간에 하루를 시작해주세요. 고정되어 있을 필요는 없지만, 평균 기상보다 30분 전후반을 넘기지 않는 것을 추천드립니다. 만약 6시대에 일어난다면 하루를 시작해도 괜찮습니다. 하지만 밤잠을 10시간 미만으로 잤다면, 최대한 아이가 원하는 기상시간까지 기다려주세요.
유아식 (아침)	7:30	일어나자마자 바로 식사를 하는 것이 아니라 조금 시간을 주세요. 햇빛이 들어오도록 커튼도 걷고, 방에서 나오면서 인사도 하고, 스트레칭도 시켜주고, 기저귀도 갈아주세요.
간식/우유	9:15	간식이나 우유를 먹입니다. 낮잠 전에 칼로리 보충하려는 목적입니다. 잠들기 전에 차분하게 먹을 수 있게 해주세요.
놀이	9:30	놀이는 매우 중요합니다. 낮에도 꼭 햇빛을 보고 활동적인 놀이를 할 수 있게 해주세요.
점심식사	11:30	낮잠 전에 점심식사를 주세요.
낮잠1	12:15~14:15	낮잠은 하루 최대 2.5~3시간을 넘지 않는 것이 목표입니다. 낮잠을 많이 재울수록, 밤잠이 조금씩 더 늦어질 수 있으니 참고해주세요.
간식/우유	14:30	간식이나 우유를 먹입니다. 낮잠 전에 칼로리 보충하려는 목적입니다. 잠들기 전에 차분하게 먹을 수 있게 해주세요.

간식	16:30	저녁식사 전에 간식을 추천합니다.
유아식 (저녁)	19:00	저녁 식사를 든든히 먹여주세요. 부족하게 먹였다면, 이후 간식을 보충해주는 것도 좋습니다.
목욕	20:50	수면의식이 시작됩니다.
밤잠	21:15	밤잠 수면의식을 끝내고, 아이를 눕혀 밤잠 입면을 준비합니다. 이후부터 일어나는 것은 아이의 리드에 맡깁니다.

Sleep
better
Baby

6장

수면 교육 Q&A

연간 1000곳 가정을 상담하며 쌓아온 경험으로 수면 교육 시 공통적으로 자주 받는 질문들을 카테고리 별로 나누어 보기 쉽게 정리했습니다.

아이의 발달과 성장으로 수면의 어려움을 겪을 때

Q **아기가 뒤집기를 시작했어요. 자꾸 뒤집느라 못 자는데 이게 뒤집기 지옥인가요? 어떻게 대처하면 좋을까요?**

아이가 뒤집기를 시작하면 입면 시나 연장 시에도 계속해서 뒤집기를 반복하며 잠자기를 어려워합니다. 이 시기의 아이는 '아, 내가 뒤집기를 할 수 있다니!' 하며, 반복해서 연습하고 싶어 하는데, 그때마다 부모가 즉각적으로 반응해 되집어주면, 아이는 '뒤집기 할 기회가 생겼네! 또 뒤집어야지!' 생각하며 계속 반복할 수밖에 없습니다. 당연히 아이가 뒤집고서 되집는 걸 스스로 할 줄 모르기 때문에 양육자를 찾을 수밖에 없습니다. 뒤집자마자 바로 되집어주지 마시고, 아이가 안전한지 지켜본 후, 조금의 기다림 후에 되집어 주세요.

만약 뒤집어 잠들어버린다면, 아이가 숨 쉬는 것을 카메라로 계속 확인하고, 10~15분 후 깊이 잠에 들었다면 자세를 바꿔 눕혀주세요. 낮에 노는 시간에 뒤집기, 되집기 연습을 열심히 시켜주는 것도 도움이 됩니다. 아이가 뒤집기, 되집기를 할 수 있는 시기에는 뒤집어 자도 괜찮습니다. 제일 중요한 것은 뒤집기를 시작하면, 스와들이나 모로반사 제품들은 졸업해야 합니다. 아이의 양팔이 막혀 있는 순간에 뒤집혀버리면 질식 사고가 일어날 수 있기 때문입니다.

Q 쪽쪽이를 끊는 시기와 방법이 궁금해요. 쪽쪽이는 언제 어떻게 끊나요?

우선 쪽쪽이의 경우에는 의존성이 높지 않다면 끊지 않아도 괜찮습니다. '쪽쪽이를 끊는다'는 의미를 많이 헷갈려 하는데, 수면의 '잠연관 부분으로 쪽쪽이 끊기'는 일상생활에서 그대로 사용할 수 있습니다. 쪽쪽이는 수면 시에 방해가 된다면 잠잘 때만 사용하지 않는 것을 의미합니다. 즉, 아이가 놀 때, 칭얼거릴 때 등 생활 속에서 사용해도 되지만 수면 시에는 사용하지 않는 것을 말합니다.

수면과 관련해서 쪽쪽이의 의존성이 높다고 판단하는 경우는 쪽쪽이를 꼭 물어야만 입면이 가능하고, 쪽쪽이 없이는 낮잠, 밤잠을 스스로 연장하기 어려워 계속 쪽쪽이를 찾는 경우입니다. 쪽쪽이가 수면에 전혀 방해가 되지 않는 경우에도 쪽쪽이를 끊는 방법은 개월 수마다 점진적이게 혹은 단호하게 할 수 있습니다.

Q 아이가 계속 손을 빨면서 자요. 습관이 될까 걱정됩니다. 손을 빨면 빼주고, 빨지 못하도록 잡아줘도 될까요?

우선 아이의 구강기가 시작되는 3개월 무렵, 아이는 손을 빨고 탐색하기 시작합니다. 손가락을 빠는 것은 지극히 자연스러운 발달 단계이지요. 아이가 놀 때나 자면서도 자꾸 손을 빠는 모습을 보는 시기인데요. 대개 양육자는 아이가 손을 빠는 게 너무 걱정돼서 손을 못 빨게 하거나 손싸개 사용 혹은 쪽쪽이를 물려주는 경우가 많습니다. 미국치과의사협회에 따르면, 손가락을 빠는 것은 아기가 자궁에 있을 때도 볼 수 있는 자연스러운 반사작용입니다. 아이가 안전하고 안정감을 느끼게 하는 자기 진정 수단이에요. 모든 아이들은 손가락을 빨고 탐색하지만, 큰 월령까지 습관이 되는 경우보다는 자연스럽게 이 시기가 지나면 빨지 않는 경우가 더 많습니다. 습관이 되는 아이들도 있겠지만, 보통 자연스럽게 사라집니다.

그러니 너무 걱정하지 마세요. 만 2세부터 5세 사이에는 대부분 스스로 손가락 빠는 것을 끊습니다. 아이가 손을 빨지 않으면, 애착인형, 손수건 등 다른 것으로 옮겨갈 거예요. 그래도 걱정된다면 소아과 의사나 치과의사와 상의해주세요.

Q 긴 낮잠을 자지 않는 아이, 어떻게 하면 잘 수 있을까요? 저희 아이도 낮잠을 1시간 2시간씩 자줬으면 좋겠어요.

우선 아이가 낮잠을 길게 자기 위해선 잠을 스스로 자는 것부터 가능해야 합니다. 아이가 얕은 잠에서 깊이 스스로 자지 못하는데, 얕은 잠이 올라와 다시 스스로 깊게 자는 것은 훨씬 힘들겠지요. 이론적으로 낮잠 연장은 5~6개월에 서서히 발달하는 부분입니다. 5~6개월 이전의 아이들은 낮잠 연장이 아주 미숙할 시기여서 훨씬 어렵지만, 실제 컨설팅을 통한 경험으로 보면 어린 월령의 아이들도 습관을 잡아가며 낮잠 연장이 잘 따라오는 것을 볼 수 있습니다. 미숙하지만 불가능한 일이 아닙니다. 만약 스스로 자는 습관을 잡았음에도 불구하고 낮잠 연장이 되지 않는다면 자세한 진단을 위해 1:1 아이맞춤 컨설팅을 고려하는 것도 방법일 수 있습니다.

Q 원더윅스는 무엇인가요? 수면에 영향이 있나요?

원더윅스는 24개월 동안 12번 온다는 사실, 알고 계시나요? 원더윅스가 도대체 무엇일까요? 원더윅스 때 아이의 수면이 많이 흔들릴 수 있습니다. 잘 잡아놓은 수면 패턴이 흔들리면서, 아이가 새벽에 더 자주 깨기도 하고, 낮잠 연장도 평소보다 더 안 될 수도 있습니다. 원더윅스는 1~2주면 지나갈 거예요. 우리 아이 수면 패턴, 돌아올 거니까 너무 걱정하지 마시고 진행하셨던 수면 교육을 쭉 유지해주세요.

"원더윅스 때는 아이도 힘들어하니 재워줘도 되나요?"라고 많이 물어보시는데, 원더윅스 때마다 재워준다면, 아이 입장에선 너무 헷갈려요. 반드시 일관성을 유지해주세요. 그리고 아이를 키우다보면, 이 시기가 정말 원더윅스인지 아닌지 헷갈리는 경우가 많답니다. 그냥 간단히 생각해주세요. '잘 자다가 운다? 아, 네가 크느라 고생이 많구나.' 하고요.

Q 이앓이는 언제 오고, 어떤 증상으로 오나요?

첫 이앓이가 참 힘들어요. 아이도 힘들고, 부모도 초보 엄마라 언제 이앓이인지, 맘카페에는 온갖 무시무시한 이앓이 얘기뿐이죠. 보통 생후 3개월부터 14개월 사이에 첫 이앓이가 시작됩니다. 3~5일 정도 지속되는 것이 보통이고, 심각한 '통증'이 아니라 불편감 정도라고 합니다. 수면 교육이 완벽하게 된 아이도 이앓이는 나타날 수 있습니다. 하지만 이앓이는 잇몸에 구멍이 나기 시작하고부터 시작됩니다. 그리고 잇몸을 뚫고 나오면, 이앓이는 끝나게 되죠. 수면 교육을 한 아이들은 이앓이나 원더윅스, 수면 퇴행이 수면 교육이 되지 않은 아이들보다 조금 더 약하게 지나가곤 합니다. 통증을 심하게 호소하고 잠들기 힘들어 한다면, 잠들기 한 시간 전에 아이 개월 수에 먹을 수 있는 진통제를 주셔도 괜찮습니다. 이앓이는 5일 이상 가지 않고, 지나갈 거예요. 걱정하지 마세요.

Q 낮잠 변환기가 무엇인가요?

낮잠 변환기, 단어조차 생소하시죠? 낮잠 횟수가 변화되는 시기를 의미하는데요. 예를 들어 평소에 낮잠을 5회 잤는데, 이제는 4회를 잤다면, 낮잠 변환기라고 얘기할 수 있습니다. 하지만 실제로 조금 더 힘든 구간에서 많이 얘기가 나오는데요. '낮잠 변환기가 왜 생기냐'부터 이야기해보면, 아이가 점차 성장하고 발달하며 자는 시간 외에도 활동하는 시간이 늘어나서 이전에 자던 시간에는 충분히 졸려하지 않게 됩니다. 아이가 활동하는 시간 동안 탐색하고 놀이하는 시간이 더 늘어간다고 생각하면 쉽습니다.
앞에 예시대로 30~45분이면 졸리던 아이가 이후에는 1시간을, 1시간 30분을 깨어 있게 되니 그만큼 자야 하는 잠의 횟수가 점차 줄어들며 마지막 낮잠은 자연스럽게 떨어지게 되겠지요. 그래서 갑자기 심하게 울다 잔다거나, 평소에 잠이 드는 시간보다 훨씬 소요시간이 길어지기도 해요. 그리고 마지막 낮잠을 거부하기 시작할 거예요.
낮잠 변환은 보통 4~5개월에 4회서 3회, 7개월에 낮잠이 3회에서 2회 12~14개월에 낮잠이 2회에서 1회로 변환됩니다. 대표적으로 가장 힘든 낮잠 변환은 7개월, 낮잠이 3회에서 2회로 줄어드는 구간입니다. 낮잠이 3회에서 2회로 줄어드는 시기가 가장 힘든 이유는 깨어 있는 시간이 급격하게 늘어나 과피로로 인해 수면이 많이 흔들릴 수 있기 때문입니다. 낮잠 변환이 완전 적응되는 데까지는 보통 짧으면 2주에서 길게는 6주까지 소요될 수 있습니다.

수면 환경

Q 집에서는 잘 자는데, 할머니댁에 가면 못 자고 울기만 해요. 수면 교육을 하면 어디서든 다 잘 수 있는 게 아닌가요?

수면 교육을 통해 언제 어디서든 잘 자는 것은 아니에요. 수면 교육은 아이가 스스로 잘 자는 습관을 갖는 것이지 환경, 상황 등이 어떠하건 무조건 잘 잘 수 있다는 의미는 아니거든요. 그렇지만 어느 정도 아이가 잘 수 있는 환경이 갖춰진 상태라면 수면 교육이 잘 잡힌 아이들은 다른 환경에서도 충분히 잘 수 있어요. 변화에 적응이 필요한 아이라면 집이 아닌 다른 곳에서 자는 연습을 하면서 시간을 갖고 해결할 수 있어요.

Q 아직 분리수면을 하지 않고 있어요. 분리수면은 언제 하는 걸 추천하시나요?

미국 소아과협회에서 추천하는 분리수면의 최소 월령은 6개월, 안전하게는 12개월 이후로 권고하고 있습니다. 최소 6개월 이후, 12개월 이후부터는 영아 돌연사 확률이 점차 낮아지기 때문인데요. 분리수면 권장 월령을 참고해주시고, 양육자분께서 마음의 준비가 된 시기에 안전하게 분리수면 해주시길 추천드립니다.

Q 뒤집기를 점점 시도하는 것 같은데, 스와들업을 계속해서 쓰면 안 될까요? 모로반사가 너무 심해서 아이가 잠을 못 자요.

모로반사는 신생아 시기부터 6개월까지 점차 서서히 줄어듭니다. 뒤집기를 빠르게는 3개월 이전에도 시작할 수 있습니다. 뒤집기 시기가 빠르다면, 당연히 모로반사는 더 심할 수밖에 없겠지요. 하지만 모로반사가 심하다고 스스로 뒤집을 수 있는 아이를 못 뒤집게 베개나 쿠션으로 막아둔다거나 스와들업을 사용하면 위험할 수 있습니다. 뒤집으려는 신호가 서서히 온다면 스와들업에서 한 팔만 빼고 일주일 정도 적응시켜주세요. 당연히 한 팔만 빼고 적응시키는 동안에도 아이가 자꾸 놀라거나 잠드는 걸 어려워 할 수 있습니다. 하지만 안전과 직결된 부분이므로 적응 시기를 꼭 거쳐야 합니다. 한손을 빼고 일주일 적응이 잘 되어간다면, 양손을 빼고 일주일 더 적응시켜주세요.

Q 옆으로 자는 베개, 꼭 졸업해야 하나요? 어떻게 졸업해야 할까요?

네! 저는 사용하지 않는 것을 추천드립니다. 움직임이 많아지는 개월 수에 혹시나 뒤집혀서 그 베개에 코를 박고 아이가 잠들어버린다면 사고가 일어날 수 있기 때문입니다.

미국소아과와 대한소아청소년과 학회에서도 언급하듯, 아이의 몸을 고정시켜 재우는 베개나 제품은 추천하지 않습니다. 질식사 위험이 오히려 커지기 때문이에요. 졸업 방법은 한 번에 확 빼는 것이 가장 좋더라구요. 대부분 일주일도 걸리지 않고 베개는 졸업합니다. 다음 사례를 소개해드리고 싶어요.

한 어머님은 옆으로 재우는 베개, 꿀잠 두상 베개, 모로반사 좁쌀이불, 애착인형, 쪽쪽이 등 거의 6~7개 되는 잠연관을 갖고 계셨어요. 우선 울음이 없는 수면 교육을 원하셨기에, 천천히 한 개씩 졸업하기를 원하셨죠.

그래서 모두 졸업해야 하지만, 우선 졸업해야 할 것들의 순서를 적어드렸어요. 보통은 제가 제품을 끊자고 말씀드리면 일주일도 걸리지 않고 2~3일 내에 해결되지만, 이처럼 천천히 끊고 싶다는 부모님에게는 맞추어 진행해드리곤 합니다. 천천히 오래 걸릴 거라고 어머님에게 말씀드렸고, 저도 일주일이 걸릴지, 2주가 걸릴지 예측하기 힘든 상황이었지만 부모님은 천천히 하고 싶어했어요.

하지만 교육을 2주 넘게 했음에도 불구하고 끊은 잠연관은 1개뿐이었습니다. 2주 동안 어머님이 수면 교육을 안 해주신 것도 아닌데, 옆으로 재우는 베개는 아예 엄두도 못 낼 정도로 아이는 입면 때마다 울고 있었죠. 고민 끝에 "제품들 사용하는 거, 다 없애버리고 창고에 넣어버리자!"고 결단 하는 내용으로 통화를 했습니다. 그런데 2주 걸려도 못 끊던 제품들을 아이가 3일 만에 모두 끊고 울음 없이 입면하는 게 아니겠어요.

이렇듯, 아이는 제품에 의존하는 것이 생각보다 미비합니다. 오히려 부모님이 의존하는 경우가 더 많죠. 그러므로 아이를 끝까지 믿어주시고, 안전한 수면 환경에서 재우는 것을 추천드립니다.

수면 교육

Q 낮잠 수면 교육은 되었는데, 밤잠은 왜 힘들까요?

낮잠 수면 교육을 했다고, 밤잠 수면 교육이 스스로 되진 않아요. 낮과 밤은 개별로 생각해야 해요. 그래서 어린이집에 다니는 아이들은 낮잠 수면 교육은 하지 않고 밤잠과 새벽잠 교육만 해주는 부모님도 많답니다. 우리 뇌에서 조금 다르게 구분하기 때문인데요. 낮잠만 따로 수면 교육을 해주는 옵션도 있으니 참고해주세요.

Q 자는 아기를 깨우면 안 된다고 하는데, 깨워도 되나요? 그래야 한다면, 어떻게 깨워야 할까요?

옛날 어른들이 어렵게 재운 아이, 깨우지 말아라 하는 경우도 있을테고, 혹은 내가 너무 쉬고 싶어서 깨우기 힘든 경우 또는 아이가 너무 곤히 자고 있어서 깨우기 미안한 경우 등 다양한 이유로 부모님들은 아이를 깨우기 주저하세요. 하지만 낮잠을 너무 많이 자도 아이는 밤잠 수면과 새벽에 많은 영향을 받습니다. 적정 양의 낮잠은 필수지만, 낮에 너무 과하게 자면 새벽에 자주 깬다는 사실! 잊지 마세요.

아이를 깨우는 데 특별한 비책이 있진 않아요. 그냥 문 열고 들어가서 자는 아이를 안아줘도 되고, 혹은 그럴 경우 아이가 너무 자지러지게 운다면 빛이나 백색소음기를 끄고 생활 소음, 생활 빛을 살짝 노출시킨다면 아이가 자연스럽게 잠에서 일어날 수도 있으니 참고해주세요.

Q 마지막 수유(막수)하다가 잠드는 아이, 깨워야 하나요?

막수하다가 아이가 잠이 든다면 꼭 깨워야 해요. 잠 자체는 매우 수월하게 들겠지만, 새벽에 매운맛일 거예요. 치아 건강도 나빠질 수 있으니 6개월 이전에는 꼭 없애야 하는 습관 중에 하나입니다. 졸린 잠을 몰아서 밤잠으로 확 자야 하는데, 막수 때 자는 것은 마치 잠자기 전에 낮잠을 자는 느낌이랄까요. 아이가 피곤해서 잘 수도, 혹은 습관 때문에 먹으면서 잘 수도 있습니다. 결과적으로 좋지 않은 습관이므로 꼭 개선해야 합니다. 이름을 불러주거나, 노래를 불러주거나, 얼굴을 만지고, 밝은 곳에서 수유를 해주며 아이가 말똥말똥한 상태에서 수유할 수 있도록 도와주세요.

Q 수면의식, 꼭 필요한가요?

네! 수면의식은 꼭 필요해요. 아이에게 '자야 할 시간이니까, 바로 자!' 하면 아이 입장에선 예상치 못한 상황이 펼쳐지니, 불편함을 호소할 거예요. 그래서 수면의식으로 예측 가능한 상황을 만들어주는 거예요. 아이들은 기본적으로 변화에 불편해하거든요. 어른도 마찬가지고요. 반복되는 수면 의식을 통해, 기저귀를 갈고, 그다음엔 수면조끼를 입고, 그다음엔 백색소음을 틀 거야라는 방식으로 아이가 수면이 점점 다가온다는 것을 인지할 수 있는 상황을 만들어주세요. 실제로 조디 민델Jodi A.Mindell 외 3인의 연구에 의하면A Nightly Bedtime Routine: Impact on sleep in young children and Maternal mood 수면 문제가 있는 영유아 아이들에게 밤잠 수면의식을 시행한 경우, 수면 문제가 현저히 줄어들었다는 사실을 확인했습니다. 또한 수면의식을 통해 엄마의 정신건강이 현저히 증진되었다는 결과를 발표했습니다.

Q 종달기상, 해결책 좀 알려주세요.

종달기상, 고민 많으시죠. 이른 기상은 컨설팅 시에 제일 오래 걸리는 문제로 손꼽힙니다. 우리 몸에서 갑자기 4~5시에 눈이 번쩍 떠지는 이 습관적인 현상을 바꿔줘야 하기 때문이에요. 우선 정말 수많은 요인들이 있는데요. 어떤 요인인지에 따라 최소 6주 정도 걸리는 습관입니다.

종달기상이란 밤잠을 10시간 미만으로 잔 잠을 의미하는데요. 예를 들어, 밤 8시에 취침한 경우, 아침 5시 30분부터 기상한 경우를 의미해요. 종달기상의 요인은 외부적인 요인, 내부적인 요인 두 가지 카테고리로 나뉩니다. 외부적인 요인은 대표적으로 소음, 빛, 기저귀, 배고픔 등이 있어요. 내부적인 요인으로는 아이에게 맞지 않는 스케줄, 과한 낮잠, 과피로했던 밤잠, 늦은 밤잠, 습관 등이 있습니다. 아이가 어떤 부분에 해당하는지는 이것저것 시도해보면서 종달기상을 해결해야 합니다.

Q 외출할 때마다 무너지는 수면 패턴, 어떻게 하고 계신가요?

저도 완벽하게 완성한 수면 교육, 외출 때문에 스케줄이 꼬일 때마다 스트레스를 받았는데요. 우선 제가 알려드린 잠텀을 생각하셔서 외출 플랜을 짜주세요. 예를 들어, 평소 3회 낮잠을 자던 아이가 외출을 하다 보면 낮잠을 4회로 잘 수도 있답니다. 그리고 제일 중요한 것은 마인드 컨트롤! 아이를 키우다 보면 외출을 아예 안 할 순 없어요. 수면 교육 초반에는 잦은 외출이나 외박, 여행은 추천드리지 않지만, 어느 정도 수면 패턴이 생긴다면 외출해도 괜찮습니다.

또 중요한 것은 아이가 외출해서 어떤 방법으로 잘 잘지 양육자가 제대로 파악하는 것이에요. 아이가 카시트에서는 잠들지 않고 유모차에서 그나마 잘 자나요? 그렇다면 외출할 때 아이의 잠텀 시간대에는 유모차로 이동 계획을 넣어주세요. 혹은 유모차, 카시트 둘 다 안 되고 무조건 아기띠라면, 아기띠로 걸어다니실 수 있는 플랜을 외출 중에 넣어주세요. 이렇게 우리 아이를 파악하는 것이 매우 중요합니다. 또는 카시트나 유아차 암막커버를 구매해서 시야 및 빛을 차단해주고 백색소음기를 사용하는 것도 좋은 꿀팁이랍니다.

쌍둥이 수면 교육

Q 쌍둥이가 함께 같은 방에서 자면서 수면 교육을 진행할 수 있을까요?

할 수 있어요! 실제 쌍둥이 컨설팅을 진행하며 같은 방을 쓴 적도 많습니다. 하지만 아이의 수면 문제가 심각한데, 도움 없이 한 명의 양육자가 수면 교육을 진행한다면 방을 분리해서 시작하고, 수면 문제가 어느 정도 해결된 후에 다시 방을 합치는 것을 추천드려요. 두 아이를 동시에 교육해야 하므로, 방을 분리해서 시작하는 편이 훨씬 수월합니다.

형제 또는 자매 수면 교육

Q 둘째를 임신중이에요. 둘째가 태어나기 전에 첫째 수면 교육을 하고 싶은데, 혹시 스트레스 받지 않을까요?

제일 중요한 것은 어머님의 컨디션입니다. 어머님이 컨디션이 괜찮다면, 수면 교육을 진행해도 괜찮습니다. 하지만 둘째 아이가 출산하기 3개월 전과 출산 후 3개월 이내에는 수면 교육을 하지 않는 것을 추천드립니다. 첫째 아이도 적응하는 시기가 필요하기 때문입니다. 둘째 아이가 태어난다는 것은 본능적으로 알기 때문에, 엄마가 산후조리를 하는 동안 떨어져 있어야 하는 시간이 아이가 수면 교육을 하는 시기가 되면 안 됩니다. 임신 초기가 지났을 때나 임신 중기에 들어섰을 때, 혹은 아버님이 수면 교육을 도맡아서 해주시는 것은 가능합니다. 그리고 둘째가 3개월이 지난 시점에서 첫째 아이도 둘째 아이에 대해 어느 정도 받아들였을 때 수면 교육을 시작하시길 추천드립니다.

Q 둘째 임신 중에 아기방을 준비했어요. 첫째는 안방에서 같이 자고 있는데, 태어날 둘째도 다 같은 방을 사용하면서 수면 교육을 할 수 있나요?

첫째 아이의 수면 교육 여부가 중요합니다. 첫째 아이가 스스로 잘 자는 아이라면, 첫째를 안방에서 재우고 분리수면을 생각해볼 수 있습니다. 하지만 첫째 아이가 분리수면이 되지 않고 엄마와만 자는 아이라면, 둘째 아이가 다른 방에서 아버님과 자면서, 수면 교육을 하는 방법을 추천드립니다. 수면 교육을 할 때, 새벽에 아이가 울더라도 몇 분은 기다려야 하기 때문에, 같은 방에 있는 첫째가 깰 수 있더라도 교육을 진행하길 원하신다면 가능합니다. 하지만 첫째가 깨서 잠들지 못하는 순간이 걱정되어 새벽에도 총알같이 반응해야 하는 상황이라면, 마음 편하게 둘째를 다른 방으로 분리하고 수면 교육하는 방법을 추천드립니다.

[부록] 본문 출처 및 참고 사이트

〈여성가족부_애착이론 관련〉 PDF 자료 링크

〈영아 재우기: 점진적 소멸과 수면 페이딩이 효과적이다〉 관련 자료

출처: 미국 가정의학회(AAFP: American Academy of Family Physicians)

〈수면 훈련이 유아-부모 애착에 어떤 영향을 미치는가?〉 관련 자료

출처: TENDER TRANSITIONS Sleep Coaching

〈아기를 '울게' 내버려 두는 것은 아동 발달에 악영향을 미치지 않는다〉는 연구 결과 관련 기사

출처: ScienceDaily

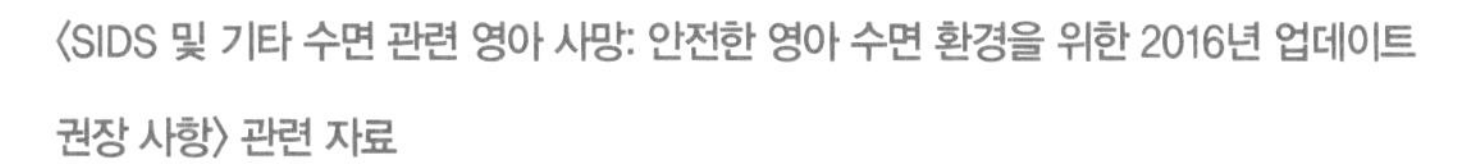

〈SIDS 및 기타 수면 관련 영아 사망: 안전한 영아 수면 환경을 위한 2016년 업데이트 권장 사항〉 관련 자료

출처: 미국 소아과학회(AAP: American Academy of Pediatrics)

〈영유아 건강_아이가 토하는 원인〉 관련 기사

출처: 메이요 클리닉(Mayo Clinic)

〈아기의 생후 첫 날, 몇 주, 몇 달 동안 모유 수유에 대해 예상할 수 있는 몇 가지 사항〉 관련 자료

출처: 미국 질병통제예방센터(CDC: Centers for Disease Control and Prevention)

〈수면 중 빛 노출은 심장 대사 기능을 손상시킨다〉 관련 자료

출처: 미국 국립과학원 회보(PNAS: Proceedings of the National Academy of Sciences)

〈젖꼭지의 위험과 이점〉 관련 자료

출처: 미국 가정의학회(AAFP: American Academy of Family Physicians)

〈원더윅스〉 관련 사이트

출처: The Wonder Weeks

점선을 따라 오려주세요!

2022.08.22 태어난 12 개월차 김 사 랑 (이)의

하루 일과 스케줄

사용 방법

① 모니터 기간 1~3일 동안 아이 기상, 낮잠 양, 깨어 있는 시간, 밤잠 등 '평균'을 우리 아이 맞춤으로 파악해주세요.
② 깨어 있는 시간은 슬립베러베이비 읽기자료에서 더욱 자세히 볼 수 있습니다.
③ 낮잠 연장시도도 낮잠시간에 포함입니다.

	모니터기간 1	모니터기간 2	모니터기간 3	교육 1일차	교육 2일차	교육 3일차	교육 4일차
기상시각							
노트							
첫번째 낮잠							
깨어 있는 시간							
침대 눕힌 시각							
잠든 시각							
낮잠 후 기상시각							
총 수면시간							
노트(어떻게 잤는지)							
두번째 낮잠							
깨어 있는 시간							
침대 눕힌 시각							
잠든 시각							
낮잠 후 기상시각							
총 수면시간							
노트(어떻게 잤는지)							
세번째 낮잠							
깨어 있는 시간							
침대 눕힌 시각							
잠든 시각							
낮잠 후 기상시각							
총 수면시간							
노트(어떻게 잤는지)							
네번째 낮잠							
깨어 있는 시간							
침대 눕힌 시각							
잠든 시각							
낮잠 후 기상시각							
총 수면시간							
노트(어떻게 잤는지)							

점선을 따라 오려주세요!

	모니터기간 1	모니터기간 2	모니터기간 3	교육 1일차	교육 2일차	교육 3일차	교육 4일차
밤잠							
깨어 있는 시간							
침대 눕힌 시각							
잠든 시각							
잠들기까지 시간							
노트							
밤 동안 깬 기록							
밤 수면 시간							
첫 번째 기상 시각							
침대 눕힌 시각							
잠든 시각							
깨어 있던 시간							
노트							
수면 시간							
두 번째 기상시각							
침대 눕힌 시각							
잠든 시각							
깨어 있던 시간							
노트							
수면 시간							
세 번째 기상시각							
침대 눕힌 시각							
잠든 시각							
깨어 있던 시간							
노트							
밤잠 시간							
총 낮잠 시간							
낮+밤 잠 시간							
수유 스케줄 (몇 시 시작/수유 양, 이유식 양)							
수유1							
수유2							
수유3							
수유4							
수유5							
수유6							
수유7							
수유8							
수유9							
수유10							

점선을 따라 오려주세요!

2022.08.22 태어난 12 개월차 김 사 랑 (이)의

하루 일과 스케줄

사용 방법

① 모니터 기간 1~3일 동안 아이 기상, 낮잠 양, 깨어 있는 시간, 밤잠 등 '평균'을 우리 아이 맞춤으로 파악해주세요.
② 깨어 있는 시간은 슬립베러베이비 읽기자료에서 더욱 자세히 볼 수 있습니다.
③ 낮잠 연장시도도 낮잠시간에 포함입니다.

	Day ____	Day ____	Day ____	Day ____	Day ____	Day ____	Day ____
기상시각							
노트							
첫 번째 낮잠							
깨어있는 시간							
침대 눕힌 시각							
잠든 시각							
낮잠 후 기상시각							
총 수면시간							
노트(어떻게 잤는지)							
두 번째 낮잠							
깨어있는 시간							
침대 눕힌 시각							
잠든 시각							
낮잠 후 기상시각							
총 수면시간							
노트(어떻게 잤는지)							
세 번째 낮잠							
깨어있는 시간							
침대 눕힌 시각							
잠든 시각							
낮잠 후 기상시각							
총 수면시간							
노트(어떻게 잤는지)							
네 번째 낮잠							
깨어있는 시간							
침대 눕힌 시각							
잠든 시각							
낮잠 후 기상시각							
총 수면시간							
노트(어떻게 잤는지)							

점선을 따라 오려주세요!

	Day ____	Day ____	Day ____	Day ____	Day ____	Day ____	Day ____
밤잠							
깨어 있는 시간							
침대 눕힌 시각							
잠든시각							
잠들기까지 시간							
노트							
밤 동안 깬 기록							
밤 수면 시간							
첫번째 기상 시각							
침대 눕힌 시각							
잠든 시각							
깨어있던 시간							
노트							
수면 시간							
두번째 기상 시각							
침대 눕힌 시각							
잠든 시각							
깨어있던 시간							
노트							
수면 시간							
세번째 기상 시각							
침대 눕힌 시각							
잠든 시각							
깨어있던 시간							
노트							
밤잠 시간							
총 낮잠 시간							
낮+밤 잠 시간							
수유스케줄 (몇 시 시작/수유 양, 이유식 양)							
수유1							
수유2							
수유3							
수유4							
수유5							
수유6							
수유7							
수유8							
수유9							
수유10